基礎から学ぶ級数論
— フーリエ級数入門 —

博士（工学） 長嶋　祐二

博士（工学） 福田　一帆

【共著】

コロナ社

ま　え　が　き

　ヒトにとってコミュニケーションは，意思などを相手に伝えるための大切な手段です。通常，ヒトは音声によりコミュニケーションを取っています。普段何気なしに使っている言葉（言語）は，母音/a/, /i/, /u/, /e/, /o/, 子音/k/, /s/, … などの有限の音素と呼ばれる単位の組合せから無限の表現を生み出すことができます。楽譜から生み出されるオーケストラの奏でる音楽を想像してみてください。これも有限の記号から生み出される無限の音の世界です。では，数学はどうでしょうか？　数学も有限の記号群で数式を構成して数学の深遠な無限の世界を構築しています。数学者やその卵である数学科の学生は，数式を私たちが何気なしに使っている言葉のように理解できるかもしれません。しかし，多くの人は，数式を見てもなかなかなにを表しているのか，現実世界ではどのような意味をもつかまでは理解するのが難しいのではないでしょうか。

　そこで本書は，小学校で学んだ簡単な数列の知識から始まり，なだらかな稜線を辿り「フーリエ級数の計算」という名の双頭の一つ目の山頂を目指します。さらにもっと高みを目指したい読者のために，難解な「フーリエ級数の収束性」という基礎論の二つ目の頂上も用意してあります。すなわち本書は，片言の数学言語を駆使して，小学校で学んだ数列の概念から始まり，私たちの身の回りにあふれているさまざまな波を解析するのに必要となるフーリエ級数の基礎を学びたい読者を想定して構成しています。

　本書を読み進めるために最低限必要な数学の知識は，小学生の頃の数列の考え方です。本書は 5 章で構成されています。はじめに，1 章においてピアノの音をフーリエ解析することで，フーリエ級数が生活の中でどのように利用できるかの概要を学び，目的を明確にします。一つの応用例を通して，目指す一つ目の山頂の目標を明確にします。「なぜ基本的な波で表すことが可能なのか」という疑問をもつことが大切です。理解できない部分があっても，まったく問題

ありません。そして1章では助走として数列の基礎も学びます。つぎに，2章では，高校までで学んだ数列の収束や発散について学びます。しかし，この章では，のちの5.6節で学ぶフーリエ級数の収束性の証明に必要となる，あの身の毛もよだつ $\varepsilon-\delta$ 論法が出てきます。でも安心してください，双頭の二つ目の山頂を目指さない人は，ななめ読みあるいは読み飛ばしても構いません。$\varepsilon-\delta$ 論法やそれに続く上極限や下極限などは，数学を専門とする人以外は必要ないからです。3章では，フーリエ級数を理解するための基礎知識として，級数とその収束や発散を判定するための定理を学びます。4章では，フーリエ級数のための最後の準備として，べき級数，そしてテイラー展開やマクローリン展開を学びます。ここでは，級数が収束する領域を表す収束半径という概念も学びます。最後の5章では，フーリエ級数を学ぶときに必要な直交関数の概念を学び，仕上げとしてフーリエ級数へとつなげていきます。でも読者の中には，すぐにフーリエ級数を求めたいという人もいるかもしれません。その場合には，すべて読み飛ばして，5.4節を読み，そこの例題が解ければ十分かもしれません。

　ここでは，小学校，中学そして高校レベルの知識へと段階的に進み，徐々に新しい定理や知識を身に付けていきます。各項目とフーリエ級数の計算・理解との関係は，目次の ★ の数で表してありますので，参考にしてください。フーリエ級数の計算をできるようになるためには ★★ まで，フーリエ級数の原理を理解したい場合は ★★★ までの知識が必要となります。そして，双頭の二つ目の山頂を目指すためには，★★★★★ までの知識が必要となります。

　級数論とフーリエ級数を学ぶためには，さまざまな定義や定理を理解しなければなりません。重要あるいは難解そうな定理には，詳細な証明を載せるように心がけました。そして，それらの定理の使い方を学ぶために例題を用意してあります。例題には，わかりやすい解答過程を載せるようにしました。また，各章の章末には章全体の理解確認の問題を用意してあります。各章末問題の解答は，なるべく詳細に計算過程を載せるように心がけました。さらに，基本的な計算過程のほかに理解を補う別解法がある場合には，その過程も載せるようにしています。

　本書には，フーリエ級数による身の回りの波の解析としてピアノの音を扱っ

ています。また，例題や問題には，図や動画を用いて説明しています。QR コードを付してありますので，ぜひ動画を見て理解を深めてください。これらの動画はすべて，数式処理言語である Mathematica 12 を用い，計算したり描画したり，そして動画ファイルを生成しています。興味のある人は，Mathematica にも挑戦して，問題を解いてみてください。数式処理言語を通して，新たな視野が広がり，数学の楽しさの片鱗が見られるかもしれません。

なお，本書は先に出版した『基礎から学ぶ整数論 — RSA 暗号入門 —』の姉妹本です。『基礎から学ぶ整数論』が工学院大学情報学部の 1 年生共通科目として設置している「情報数学および演習 3」の教科書としてまとめたものでした。本書は，そのつぎのクォータに設置されている「情報数学および演習 4」の講義と演習の 2 コマ連続 × 全 7 週のクォーター科目の全 14 コマで扱う内容となっています。実験科目などでは，波形解析はあるものの，その基礎となる講義科目はありませんでした。そこで，2009 年に級数論の講義を開始し，フーリエ級数までを教えることになりました。そして，2016 年から情報学部全体の 1 年生基礎科目となり，2020 年には，フーリエ級数の収束とその関連知識を追加して，出版準備に取り掛かりました。

本書の校正にご協力をいただいた本学の非常勤講師の渡邉桂子先生，三浦章先生には，わかりにくいところなどいろいろご意見をいただいたことに感謝いたします。また，2020 年には，情報数学 4 に新たなメンバーが入りました。その一人の本学の教育推進機構・数学科の齋藤正顕先生には，数学的な視点でいろいろチェックをしていただき感謝いたします。また，情報学部情報デザイン学科の高橋義典先生には，わかりにくい個所などのコメントをいただき感謝いたします。

最後に，出版を快諾していただくとともにさまざまなコメントをいただいたコロナ社の皆さまに感謝いたします。

2021 年 9 月

長嶋 祐二，福田 一帆

凡　　　　例

(1) 本書は，5章で構成されています。自分の理解している章は飛ばしてつぎの章から読んでも大丈夫です。また，必要な章のみを読むことができるようになっています。

(2) 内容理解のために，例題，章末問題を用意しています。すべての問題には詳細な解答を付けています。また，別な解法があるときにはなるべく別解も詳細に記載するようにしています。

(3) 重要と思われる用語には，その英訳単語も付けています。

(4) 目次の各項目には本書を読んで，どこまでの知識を得られるかを ★ の数で示してあります。

無印	：	事前知識，参考
★	：	高校までの復習程度の知識
★★	：	フーリエ級数の基礎的な計算に必要な知識
★★★	：	級数の理論の理解に必要な知識
★★★★★	：	フーリエ級数の収束性に必要な高度な知識

(5) 本書において，計算過程や変形過程の項や数字，表中の数字に付した ＿＿，＝＝，～～～，----- は，同じ種類のラインとの対応関係に注目してもらいたい部分です。また，重要な概念は太字にしてあります。

(6) 数学の用語としてよく見かける公理と本書で用いている用語について説明します。

　(a) 公理（axiom）　　その理論の出発点であり，証明をしないで用いることのできる記述（文章や式）のことです。その議論の出発点となる最も自明な前提条件とも考えられます。なので，証明する必要がないのです。ユークリッド幾何学に出てくる「平行線の公理」は有名です。

　(b) 定義（definition）　　本書において，用語の意味や式を定めたもので，証明をしないでも用いている議論の前提条件です。具体的な例は，本文を参照してください。

　(c) 定理（theorem）　　本書において，定義から導出することのできる記述（文章や式など）を指します。公理や定義，そして証明済みの定理を

用いて証明することができます。すべての定理は証明していません。理解に必要だったり難しい定理は証明を入れるようにしています。具体的な例は，本文を参照してください。

(d) 補題（lemma）　本書では，定理から類推，あるいは導出することができる記述（文章や式など）を指します。定理と同様に証明することができます。具体的な例は，本文を参照してください。

(e) 参考（guide）　本書では，直前の記述や例題などに対して，考え方や計算の手助けとなる記述や式を参考として記述しています。具体的な例は，本文を参照してください。

(f) 例題（example）　本書では，直前の内容の確認のため，あるいはつぎの項目の準備として必要な知識の確認のために，多くの例題を記載しています。確認のためにあるので，定義・定理の直後に記載してあります。

(7) 本書の 4 桁以上の数値の表記では，3 桁ごとの区切り記号としてカンマ「,」ではなく空白を用います。小数点にはピリオド「.」を用います。例えば，123456789 は 123 456 789 と表記しています。この区切り記号や小数点記号になにを用いるかは国によっても異なります。

(8) 本書の図の中には QR コード付きのものがあります。実際に解析したピアノの音，合成音を聞くことができます。べき級数に展開したときの，n の値を大きくしたとき元の関数との比較してどのように変化するか，その誤差の動画も見ることができます。また，項数 n を大きくしたときのフーリエ級数の変化なども動画として見ることができます。音や動画を利用して理解を深めるのにぜひ役立ててください。

注 1)　本文中に記載している会社名，製品名は，それぞれ各社の商標または登録商標です。
注 2)　本書に記載の情報，ソフトウェア，URL は 2021 年 9 月現在のものを掲載しています。

本書で用いるおもな記号とその意味

　本書で用いているおもな記号とその意味について挙げます。なお本書において，乗算では，掛けることを意識的に示したり，わかりやすさのために，$a \times b$, $a \cdot b$, $3 \times a$ のように演算子 $\times$ や $\cdot$ を適宜用います。省略してもわかるときには，ab や $3a$ のように表記します。また，$n_1 n_2 \cdots n_{10}$ や $n_1 + n_2 + \cdots + n_{10}$ などの $\cdots$ は，積や和の繰り返し演算を示しています。

自然数全体の集合 : $\mathbb{N}$, $\mathbf{N}$ （$\underline{N}$atural number）

整数全体の集合 : $\mathbb{Z}$, $\mathbf{Z}$ （Integral number ドイツ語　数 $\underline{Z}$ahl）

有理数全体の集合 : $\mathbb{Q}$, $\mathbf{Q}$ （Rational number，ドイツ語　商 $\underline{Q}$uotient）

実数全体の集合 : $\mathbb{R}$, $\mathbf{R}$ （$\underline{R}$eal number）

複素数全体の集合 : $\mathbb{C}$, $\mathbf{C}$ （Complex number）

$x \in \mathbb{Z}$: x は $\mathbb{Z}$ に属する，x は集合 $\mathbb{Z}$ の元である。

$\forall$: 全称記号で，$\forall x$ は「任意の x」，「すべての x」を表す。

$\exists$: 存在記号で，$\exists x$ は「ある x が存在して」を表す。

$\prod$: 総乗（product）記号，例）$\displaystyle\prod_{i=1}^{n} x_i = x_1 \times x_2 \times \cdots \times x_n$

$\simeq$: $\fallingdotseq$　と同じ意味

$\leqq$: $\leq$, $\leqslant$　と同じ意味

$\geqq$: $\geq$, $\geqslant$　と同じ意味

$\ll$: 十分小さい

$\gg$: 十分大きい

$\vee$: 論理和，または

$\wedge$: 論理積，かつ

$\therefore$: ゆえに

$\because$: なぜならば，なんとならば

$i.e.$: すなわち，$id\ est$（ラテン語：イデェストゥ）の省略形

$\dbinom{n}{r}$: 2 項係数，$_nC_r$ と同じ

$\lceil x \rceil = $: 天井関数，x 以上の最小の整数，

$\min\{n \in \mathbb{Z} \,|\, x \leq n\}$　　例）$\lceil 3.14 \rceil = 4$, $\lceil -3.14 \rceil = -3$

本書で用いるおもな公式

本書で用いているおもな公式について挙げます。

(1) 極限に関する公式

    (a) x_0 の右側から x_0 への極限値

$$\text{右側極限値：} \quad \lim_{x \to x_0+0} f(x) = f(x_0 + 0) \tag{1}$$

    (b) x_0 の左側から x_0 への極限値

$$\text{左側極限値：} \quad \lim_{x \to x_0-0} f(x) = f(x_0 - 0) \tag{2}$$

    (c) x_0 での極限値の存在（$x = x_0$ での関数の連続）

$$\text{極限値 = 左側極限値 = 右側極限値}$$

$$\lim_{x \to x_0} f(x) = f(x_0) = f(x_0 - 0) = f(x_0 + 0) \tag{3}$$

    (d) 本書でよく使う極限の公式

$$\lim_{n \to \infty} \left(1 + \frac{1}{n}\right)^n = e \tag{4}$$

$$\lim_{x \to 0} \frac{\sin x}{x} = 1 \tag{5}$$

(2) 微分に関する公式

    (a) 微分に関する基礎的な公式

$$f'(x) = \frac{df(x)}{dx} \tag{6}$$

$$f^{(n)}(x) = \frac{d^n f(x)}{dx^n} \qquad (n = 1, 2, 3, \cdots) \tag{7}$$

$$f^{(0)}(x) = f(x) \tag{8}$$

$$(af(x) + bg(x))' = af'(x) + bg'(x) \qquad (a, \ b : \text{定数}) \tag{9}$$

$$(f(x)g(x))' = f'(x)g(x) + f(x)g'(x) \tag{10}$$

i)　ライプニッツの公式

$$(f(x)g(x))^{(n)}$$

$$= \sum_{k=0}^{n} \binom{n}{k} f^{(n-k)}(x)g^{(k)}(x)$$

$$= f^{(n)}(x)g(x) + \binom{n}{1} f^{(n-1)}(x)g'(x)$$

$$+ \binom{n}{2} f^{(n-2)}(x)g''(x) + \binom{n}{3} f^{(n-3)}(x)g'''(x)$$

$$+ \cdots + f(x)g^{(n)}(x)$$

$$(11)$$

ii)　分数関数の微分

$$\left(\frac{1}{g(x)} \right)' = -\frac{g'(x)}{(g(x))^2} \tag{12}$$

$$\left(\frac{f(x)}{g(x)} \right)' = \frac{f'(x)g(x) - f(x)g'(x)}{(g(x))^2} \tag{13}$$

iii)　対数の微分

$$(\log f(x))' = \frac{f'(x)}{f(x)} \tag{14}$$

iv)　合成関数の微分

$$F(x) = f(g(x)) \text{ ならば}$$

$$F'(x) = f'(g(x))\ g'(x) \tag{15}$$

（b）　初等関数の微分

$f(x)$	$f'(x)$	$f^{(n)}(x)$	
e^x	e^x	e^x	(16)
a^x	$a^x \log a$	$a^x (\log x)^n \quad (a > 0,\ a \neq 1)$	(17)
$\log x$	$\dfrac{1}{x}$	$(-1)^{n-1} \dfrac{(n-1)!}{x^n}$	(18)
$\sin x$	$\cos x$	$\sin\left(x + \dfrac{n\pi}{2} \right)$	(19)
$\cos x$	$-\sin x$	$\cos\left(x + \dfrac{n\pi}{2} \right)$	(20)

（3）　積分に関する公式

（a）　置換積分公式

$$\int f(x)\,dx = \int f\big(g(t)\big)\frac{dx}{dt}dt = \int f\big(g(t)\big)g'(t)dt \tag{21}$$

$$\int \frac{f'(x)}{f(x)}dx = \log|f(x)| + C \qquad (C \text{ は積分定数}) \tag{22}$$

（b）　部分積分公式

$$\int f(x)g'(x)\,dx = f(x)g(x) - \int f'(x)g(x)\,dx \tag{23}$$

$$\int_a^b f(x)g'(x)\,dx = \Big[f(x)g(x)\Big]_a^b - \int_a^b f'(x)g(x)\,dx \tag{24}$$

（c）　おもな積分公式（積分定数 C は省略，$a \neq 0$）

$$\int e^{ax}\,dx = \frac{1}{a}e^{ax} \tag{25}$$

$$\int x^{\alpha}\,dx = \frac{1}{\alpha+1}x^{\alpha+1} \qquad (\alpha \neq -1) \tag{26}$$

$$\int \alpha^x\,dx = \frac{\alpha^x}{\log \alpha} \qquad (\alpha > 0,\ \alpha \neq 1) \tag{27}$$

$$\int x^{-1}\,dx = \log|x| \tag{28}$$

$$\int \frac{1}{ax+b}\,dx = \frac{1}{a}\log|ax+b| \tag{29}$$

$$\int \sin ax\,dx = -\frac{1}{a}\cos ax \tag{30}$$

$$\int \cos ax\,dx = \frac{1}{a}\sin ax \tag{31}$$

$$\int x \cdot \sin ax\,dx = -\frac{x\cos ax}{a} + \frac{1}{a}\int \cos ax\,dx$$
$$= -\frac{x\cos ax}{a} + \frac{\sin ax}{a^2} \tag{32}$$

$$\int x^2 \cdot \sin ax\,dx = -\frac{x^2\cos ax}{a} + \frac{2}{a}\int x \cdot \cos ax\,dx$$
$$= -\frac{\big(a^2x^2-2\big)\cos ax}{a^3} + \frac{2x\sin ax}{a^2} \tag{33}$$

$$\int x \cdot \cos x\ dx = \frac{x \sin ax}{a} - \frac{1}{a} \int \sin ax\ dx$$

$$= \frac{x \sin ax}{a} + \frac{\cos ax}{a^2} \tag{34}$$

$$\int x^2 \cdot \cos ax\ dx = \frac{x^2 \sin ax}{a} - \frac{2}{a} \int x \cdot \sin ax\ dx$$

$$= \frac{\left(a^2 x^2 - 2\right) \sin ax}{a^3} + \frac{2x \cos ax}{a^2} \tag{35}$$

$I_s(n)$ と $I_c(n)$ を

$$\begin{cases} I_s(n) = \displaystyle\int x^n \sin ax\ dx & (36) \\[2mm] I_c(n) = \displaystyle\int x^n \cos ax\ dx & (37) \end{cases}$$

とすると

$$I_s(n) = -\frac{x^n}{a} \cos ax + \frac{n}{a} I_c(n-1) \tag{38}$$

$$I_c(n) = \frac{x^n}{a} \sin ax - \frac{n}{a} I_s(n-1) \tag{39}$$

となる。

$$\int \log x\ dx = x \log x - x \tag{40}$$

$$\int x \cdot \log x\ dx = \frac{x^2}{2} \left(\log x - \frac{1}{2} \right) \tag{41}$$

目　　　　次

1.　フーリエ級数の導入 ── フーリエ級数の身近な応用例 ──

2.　数列の収束性 ── $\varepsilon - \delta$ 論法への挑戦 ──

3.　無限級数 ―― べき級数を学ぶ，その前に ――

4.　べき級数 ―― フーリエ級数を学ぶ前の最後の準備 ――

5. フーリエ級数 ── ついに目標に到着 ──

定義，定理一覧

1 | フーリエ級数の導入
── フーリエ級数の身近な応用例 ──

　本書では，x のべき級数，そしてフーリエ級数の原理の理解を目標とします。これらの級数は，与えられた関数を x のべき乗の和や正弦関数（sine function, sin 関数）と余弦関数（cosine function, cos 関数）との三角関数の和で近似しますが，そのために必要となる，さまざまな基礎的な数列や級数に関する定義，演算手法を学びます。

　1 章では，身近なピアノの音を用いて，どのような sin 波の合成になっているか調べてみます。目標とするフーリエ級数がどのような場面で使われているかを実感します。さらに，5 章で扱ういくつかのフーリエ級数の例を通して概要を学びます。また，高校数学の復習として，級数の基本となる等差数列と等比数列について学びます。

1.1　身 近 な 音 の 話

　私たちの身の回りには，いろいろな音があふれている。ヒトの音声はもとより，さまざまな楽器の音や騒音などで音環境が構築されている。では，それらの音は，なじみのある sin, cos のような簡単な関数で表すことが可能であろうか。もし，表すことができれば，逆に，sin, cos といった三角関数（trigonometric function）を用いて合成も可能である。

1.1.1　ピアノの音を調べる

　ここでは，身近なピアノの音について調べてみる。ピアノは，鍵盤を指で押すことで奥のハンマーが下がり弦を打ち音を鳴らす。

　ピアノのラ（A4：440 Hz）の音を調べてみる。ラの音を sin によって生成した

波形を**図 1.1** に示す。つぎに，ピアノによりラの音を弾いたときの波形を**図 1.2** に，時間軸を拡大したものを**図 1.3** に示す。図 1.1 と図 1.3 はどこが違うのだろうか。

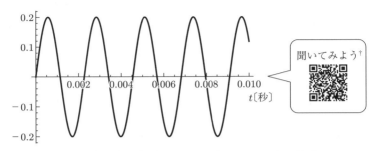

図 1.1　正弦波（sin）によるラ（A4 : 440 Hz）の波形

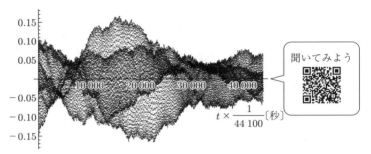

図 1.2　ピアノによるラ（A4 : 440 Hz）の波形

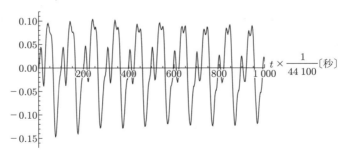

図 1.3　ピアノによるラ（A4 : 440 Hz）の波形の時間軸の拡大

---

†　QR コードのあるものは音源や動画を確認することができます。

　そこで，図1.2で示した音を**フーリエ解析**（Fourier analysis）により，どのよう
な**周波数成分**（frequency component）があるか解析する。その結果を，**図 1.4**
に示す。この図から，**基音**（fundamental frequency, fundamental tone）で
ある 440 Hz のほかに，880 Hz の周波数も含まれていることがわかる。2 000 Hz
まで拡大した**図 1.5** から，さらに 1 320 Hz と 1 760 Hz の成分があることがわ
かる。これは，ピアノを弾いて収録したとき，鍵盤から指を離さないで弦にハ
ンマーが当たった状態であるためである。つまり，440 Hz の**倍音**（overtone,
harmonic overtone）（図 1.5 では 2 倍から 4 倍音）が観測されていることがわ
かる。このように，**周波数分析**（frequency analysis）を行うことで，どのよう
な**正弦波**（sine wave）で構成されているか調べることができる。

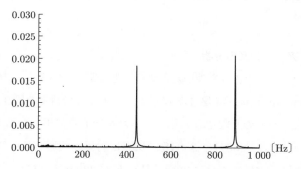

図 1.4　ピアノによるラ（A4：440 Hz）の周波数分析結果

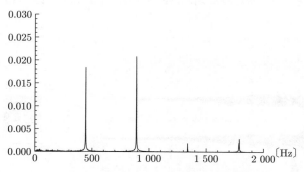

図 1.5　ピアノによるラ（A4：440 Hz）の周波数分析結果
　　　　（2 000 Hz まで）

では，ラの音の基音 440 Hz と 2 倍音 880 Hz を用いて合成した波形を**図 1.6**に示す。実際のピアノの音と比べると，倍音以外にも共鳴，余韻など複雑な要因によりピアノのほうが聞きやすい。

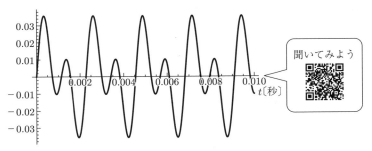

図 1.6 正弦波（sin）を用いたラ（基音）とその 2 倍音による合成波形

1.1.2 ピアノの和音の分析

ここでは，ピアノで和音を弾いたときの波形を調べてみる。入力された**和音**（chord，harmony tone）を**図 1.7** に示す。この和音の波形を**図 1.8** に，時間軸方向を拡大したものを**図 1.9** に示す。これを周波数分析した結果を**図 1.10**に示す。この図から，260 Hz，330 Hz，400 Hz 付近の波形の存在がわかる。その結果，この和音はドミソ（C4：261.6 Hz，E4：329.6 Hz，G4：392.6 Hz）とわかる。倍音を調べるために 2 000 Hz まで拡大した結果を**図 1.11** に示す。

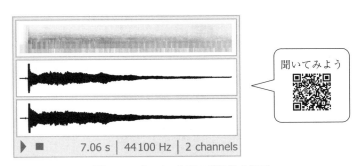

図 1.7 ピアノの和音の読み込み波形

図 **1.8** ピアノの和音の波形

図 **1.9** ピアノの和音の波形（拡大）

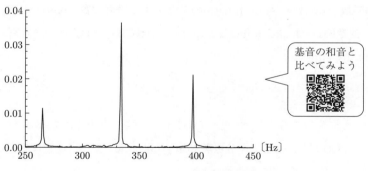

図 **1.10** ピアノの和音の波形の周波数分析結果

　ここでは，ピアノを弾いたときの音を例にとり，波形は正弦波が合成された結果であることを，**フーリエ解析**することで調べた。本書では，フーリエ解析の基本である**フーリエ級数**について学ぶ。

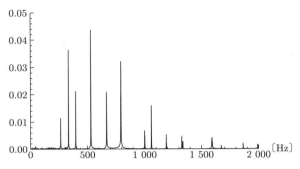

図 **1.11** ピアノの和音の周波数分析結果（2 000 Hz まで）

1.2 複雑な関数や波を簡単な関数で表す

本書の大きなテーマは，複雑な関数や波をいかに基本的で簡単なもので表す
ことができるかである。

1.2.1 べき級数で表す

超越関数（transcendental function）と呼ばれる**指数関数**（exponential func-
tion），**対数関数**（logarithmic function），**三角関数**などは，x のべき乗の**無限
和**（infinite sum）

$$f(x) = a_0 + a_1 x + a_2 x^2 + \cdots = \sum_{n=0}^{\infty} a_n x^n \tag{1.1}$$

で表すことが可能であろうか，可能であればどのような方法があるのだろうか。
ある関数 $f(x)$ が，n 回まで**微分可能**（differentiable）で，定義された区間 I 内
の定数を a，および $\forall x \in I$ とするとき

$$f(x) = f(a) + (x - a)\frac{f'(a)}{1!} + (x - a)^2 \frac{f''(a)}{2!} + \cdots$$
$$+ (x - a)^{n-1}\frac{f^{(n-1)}(a)}{(n-1)!} + R_n \tag{1.2}$$

ただし，剰余項：$R_n = (x - a)^n \frac{f^{(n)}(\xi)}{n!}$ \tag{1.3}

$$\xi = a + \theta(x - a), \quad 0 < \theta < 1 \tag{1.4}$$

という $x - a$ のべき級数により表すことができる。ここで，$f(x)$ が無限回微分可能でかつ，$\displaystyle\lim_{n\to\infty} R_n = 0$ であるとき

$$f(x) = \sum_{n=0}^{\infty} \frac{f^{(n)}(a)}{n!}(x - a)^n \tag{1.5}$$

をテイラー級数（Taylor series），そして，特に式 (1.5) で $a = 0$ のとき

$$f(x) = \sum_{n=0}^{\infty} \frac{f^{(n)}(0)}{n!}x^n \tag{1.6}$$

をマクローリン級数（Maclaurin series）として知られている。これらの級数は，解析学において重要なべき級数であり，その収束性（convergent）が問題となる。これらべき級数の収束性については，4.4.2 項でテイラー級数，4.4.1 項でマクローリン級数について学ぶ。ここでは，例を通してべき級数の収束（convergence）や発散（divergence）の概念について述べる。

例題 1.1　$f(x) = e^x$ を x のべき級数で表しなさい。

【解答】　$f(x) = e^x$ の 1 回微分，2 回微分，$\cdots$，n 回微分を考える。

$$f(x) = f'(x) = f''(x) = \cdots = f^{(n)}(x) = e^x$$

式 (1.6) を計算するため，上式に $x = 0$ を代入すると

$$f(0) = f'(0) = f''(0) = \cdots = f^{(n)}(0) = e^0 = 1$$

となり

$$f(x) = e^x = 1 + \frac{x}{1!} + \frac{x^2}{2!} + \frac{x^3}{3!} + \cdots = \sum_{n=0}^{\infty} \frac{x^n}{n!} \tag{1.7} \quad \diamondsuit\dagger$$

e^x を x のべき級数で表した式 (1.7) は，x が無限大でなければ収束して，e^x と等しくなる。この理由は，例題 4.5 で詳細に解説してある。

---

† 　$\diamondsuit$ は解答の終わりを示す。

例題 1.2 つぎの関数 $f(x)$ を x のべき級数で表しなさい。

$$f(x) = \frac{1}{1-x} \tag{1.8}$$

【解答】 $f(x) = \dfrac{1}{1-x}$ の n 回微分までを**表 1.1**に示す。

表 1.1 $f(x) = \dfrac{1}{1-x}$ の n 回微分と $x=0$ での微分係数

微分回数 n	導関数 $f^{(n)}(x)$	$f^{(n)}(0)$
0	$\dfrac{1}{1-x} = (1-x)^{-1}$	1
1	$1!(1-x)^{-2}$	$1!$
2	$2!(1-x)^{-3}$	$2!$
3	$3!(1-x)^{-4}$	$3!$
$\vdots$	$\vdots$	$\vdots$
n	$n!(1-x)^{-(n+1)}$	$n!$

したがって，式 (1.6) より，$f(x) = \dfrac{1}{1-x}$ のマクローリン展開は

$$f(x) = \frac{1}{1-x} = 1 + x + x^2 + x^3 + \cdots = \sum_{n=0}^{\infty} x^n \tag{1.9}$$

となる。   ◇

では，例題 1.2 の式 (1.8) の $x=1$ 近傍のふるまいを，グラフを描くことで
もう少し調べてみる。$x=1$ での**右側極限値**（right-hand limit）と**左側極限値**
（left-hand limit）を求めると

$$\text{右側極限値} \quad \lim_{x \to 1+0} = -\infty \tag{1.10}$$

$$\text{左側極限値} \quad \lim_{x \to 1-0} = \infty \tag{1.11}$$

となる。式 (1.10)，(1.11) より，グラフ $f(x) = \dfrac{1}{1-x}$ の**漸近線**（asymptote）
は，$x=1$ である。式 (1.9) において $n=20$ までの部分和のグラフを**図 1.12**(a)

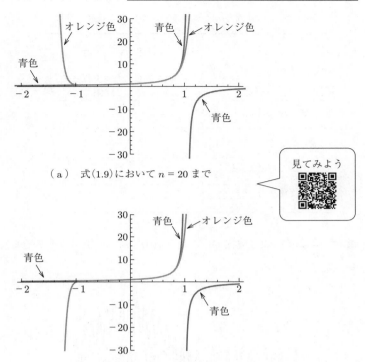

（a） 式(1.9)において $n = 20$ まで

見てみよう

（b） 式(1.9)において $n = 21$ まで

図 1.12 $\dfrac{1}{1-x}$（青色）と式 (1.9) の部分和（オレンジ色）のグラフ

に，$n = 21$ までの部分和のグラフを図 (b) に示す。図の青色が関数 $\dfrac{1}{1-x}$ で，オレンジ色がそれぞれの部分和である。$\dfrac{1}{1-x}$ を x のべき級数で表した式 (1.9) は，図から $|x| < 1$ で収束して，それ以外では発散すると推測できる。**表 1.2** に，x の範囲により，n が偶数か奇数かにより，式 (1.9) の収束・発散の状態を示す。この理由は，例題 4.1 および例題 4.6 で詳細に述べる。

1.2.2 三角関数で表す

ピアノの例で調べたように，楽器や音声波形などの複雑な波は，どのような形に変えて扱えば，分析や，解析，そして，加工が行えるのだろうか。

表 **1.2**　x の範囲と n が偶数か奇数かによる収束・発散

n	x の範囲	部分和 $\displaystyle\sum_{k=0}^{n} x^k$ の n が 1 列目の条件を保って $n \longrightarrow \infty$ とした極限値
偶　数	$\lvert x \rvert > 1$	∞
	$x = -1$	1
偶数・奇数	$\lvert x \rvert < 1$	$\dfrac{1}{1-x}$
	$x = 1$	∞
奇　数	$x < -1$	$-\infty$
	$x = -1$	0
	$x > 1$	∞

図 **1.13** は，$\dfrac{1}{3}\sin(15x)$（破線 -----）と $\sin(0.5x)$（点線……）の合成波形を実線（──）で示している。

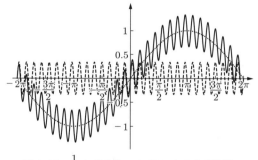

図 **1.13**　$\dfrac{1}{3}\sin(15x) + \sin(0.5x)$ の合成波形

図 **1.14** は

$$f(x) = a_1 \sin(n_1 x) + a_2 \sin(n_2 x) + a_3 \sin(n_3 x) \tag{1.12}$$

$$(0 \leqq x \leqq 2\pi, \ \ 0 \leqq a_1 \leqq 2, \ 0 \leqq a_2, a_3 \leqq 1, \ 1 \leqq n_1, n_2, n_3 \leqq 20)$$

の合成波形を示している。

　これらの例からわかるように，単純な三角関数の和でより複雑な波が扱えそうなことがわかる。そこで，$n \in \mathbb{Z}$ としたとき，**周期関数**（periodic function）

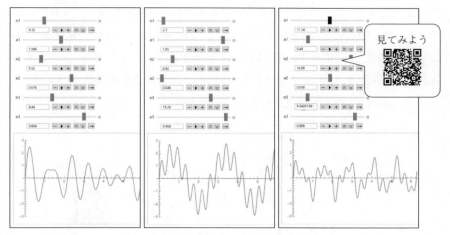

図 1.14 式 (1.12) の合成波形

$f(x)$ を a_n，b_n を定数として $\sin nx$ と $\cos nx$ の無限和

$$f(x) = \frac{a_0}{2} + a_1 \cos x + a_2 \cos 2x + a_3 \cos 3x + \cdots$$

$$+ b_1 \sin x + b_2 \sin 2x + b_3 \sin 3x + \cdots \tag{1.13}$$

$$= \frac{a_0}{2} + \sum_{n=1}^{\infty} (a_n \cos nx + b_n \sin nx) \tag{1.14}$$

で表すことが可能か，可能であればどのような方法があるのか。このような三角関数の**無限級数**（infinite series）を**フーリエ級数**という。本書の目標であるフーリエ級数については，5 章で学ぶ。例えば，**図 1.15** に示す，周期 2π の

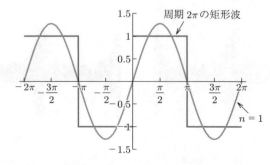

図 1.15 周期 2π の矩形波と式 (1.14) で $n = 1$ の結果

矩形波（square wave）は，どのような $\cos nx$，$\sin nx$ の和によってできているのだろうか。図を使って理解する。式 (1.14) で $n = 19$ まで用いた結果を**図 1.16**に，$n = 99$ と $n = 999$ の結果を**図 1.17**に示す。また，$n = 99$ と $n = 999$ のときの誤差を**図 1.18**に示す。これらの図から，矩形波は**三角級数**（5.4 節参照）（trigonometric series）で表されることがわかる。

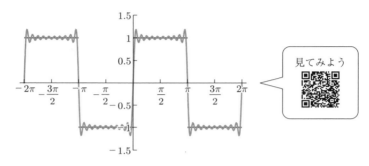

図 1.16　式 (1.14) で $n = 19$ までの結果

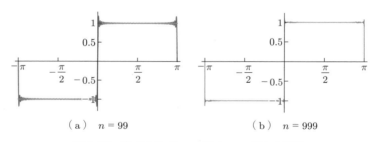

（a）　$n = 99$　　　　　　　　（b）　$n = 999$

図 1.17　式 (1.14) で $n = 99$ と $n = 999$ の結果

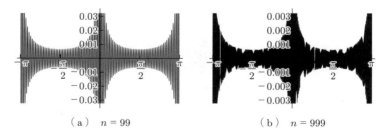

（a）　$n = 99$　　　　　　　　（b）　$n = 999$

図 1.18　矩形波と式 (1.14) のフーリエ級数との誤差 $n = 99$ と $n = 999$ の結果

1.3 数 列 の 基 礎

定義 1.1 （**数列とは**）　一定の順序で並べられた実数の系列

$$a_1, a_2, a_3, \cdots, a_n, \cdots \tag{1.15}$$

を**数列**（sequence of numbers）という。

例えば

$$a_1, a_2, a_3, \cdots, a_n, \cdots$$
$$a_1 = 1, a_2 = \frac{1}{2}, a_3 = \frac{1}{3} \cdots, a_n = \frac{1}{n}, \cdots$$
$$b_0, b_1, b_2, \cdots, b_{n-1}, b_n, \cdots \tag{1.16}$$
$$b_0 = 1, b_1 = 3, b_2 = 5, b_3 = 7, \cdots, b_n = 2n + 1$$
$$c_2, c_3, c_4, \cdots, c_n, \cdots \tag{1.17}$$
$$c_2 = \frac{1}{3}, c_3 = \frac{1}{8}, c_4 = \frac{1}{15}, \cdots, c_n = \frac{1}{n^2 - 1}$$

は，すべて数列である。これら数列において，**初項**（first term）と**第 n 項**はつぎの通りである。

$$\begin{cases} a_1 : 初項 \\ a_n : 第\,n\,項 \, （n\,番目の項） \end{cases}$$

$$\begin{cases} b_0 : 初項 \\ b_n : 第\,n\,項 \, （n+1\,番目の項） \end{cases}$$

$$\begin{cases} c_2 : 初項 \\ c_n : 第\,n\,項 \, （n-1\,番目の項） \end{cases}$$

数列は，有限項でとどまる場合もあるが，特に断らない限り**無限数列**（infinite sequence）を考えて単に数列という。式 (1.15)〜(1.17) の無限数列はそれぞれつぎのように表記する。

$$\left\{a_n\right\}_{n=1}^{\infty} \text{ または } \{a_n\}$$

$$\left\{b_n\right\}_{n=0}^{\infty} \text{ または } \{b_n\}$$

$$\left\{c_n\right\}_{n=2}^{\infty} \text{ または } \{c_n\}$$

1.3.1 等 差 数 列

本項では，**等差数列**（arithmetical progression）について学ぶ。隣接する 2 項の差が一定である数列，つまり

$$a_n - a_{n-1} = d : \text{一定} \tag{1.18}$$

の数列 $\left\{a_n\right\}_{n=1,2,3,\dots}$ を等差数列という。**等差数列の一般項** a_n は，**初項** a_1 と**公差**（common difference）d を用いてどのように表すことができるのだろうか。等差数列の一般項を導く方法を示す。

$$
\left.
\begin{array}{r}
a_n - a_{n-1} = d \\
a_{n-1} - a_{n-2} = d \\
\vdots \\
a_3 - a_2 = d \\
+)\quad a_2 - a_1 = d
\end{array}
\right\} n - 1 \text{個}
$$

$$a_n - a_1 = (n-1)d \longrightarrow a_n = a_1 + (n-1)d$$

$$\text{一般項}: a_n = a_1 + (n-1)d = nd + (a_1 - 1 \times d) \tag{1.19}$$

$$d : \text{公差}, \ a_1 : \text{初項}$$

つぎに，等差数列の初項 a_1 から第 n 項 a_n までの和 S_n を求めてみる。

等差数列の和 $S_n = \displaystyle\sum_{k=1}^{n} a_k$

$S_n = a_1 + \qquad (a_1+d) \ +(a_1+2d)+\cdots+(a_1+(n-2)d)+(a_1+(n-1)d)$

$+) \ S_n = a_n + \qquad (a_n-d) \ +(a_n-2d)+\cdots+(a_n-(n-2)d)+(a_n-(n-1)d)$

$2S_n = \underbrace{(a_1+a_n)+(a_1+a_n)+(a_1+a_n)+\cdots+(a_1+a_n) \qquad +(a_1+a_n)}_{n \text{ 項}}$

$= n(a_1+a_n)$

$\therefore \quad S_n = \dfrac{n}{2}(a_1+a_n) = \dfrac{n}{2}\{2a_1+(n-1)d\}$ \hfill (1.20)

ここで, 等差数列の和の公式 (1.20) と**台形の面積**を求める公式との関係を考え
てみよう。

参考 1.1 （台形の面積を求める公式）   台形の面積は, つぎの公式で与
えられている。

$$台形の面積 = \frac{高さ}{2}(上底 + 下底) \tag{1.21}$$

等差数列の第 k から第 n 項までの和の公式 (1.20) と台形の面積の公式 (1.21)
との対応は, 「台形の面積 = 等差数列の和」とすると, $k = 1$ から

$$\left\{ \begin{array}{lll} \underline{\text{式 (1.21)}} & & \underline{\text{式 (1.20)}} \\ 高さ & \Longleftrightarrow \ 和を求める項の総数 \ = & n \\ 上底 & \Longleftrightarrow \ 和を求める最初の項 \ = & a_1 \\ 下底 & \Longleftrightarrow \ 和を求める最後の項 \ = & a_n \end{array} \right\} \tag{1.22}$$

となる。

例題 1.3   初項 $a_1 = 3$, 公差 $d = 5$ の等差数列 $\{a_n\}$ について, 一般項 a_n,
第 10 項目 a_{10}, 第 11 項目から第 20 項目までの和を求めなさい。

【解答】   式 (1.19) より, 一般項は

$$a_n = a_1 + (n-1) \times d = 3 + (n-1) \times 5 = 5n - 2 \tag{1.23}$$

式 (1.23) で $n = 10$ を代入すると

$$\therefore \quad a_{10} = 5 \times 10 - 2 = 48 \tag{1.24}$$

第 11 項目から第 20 項目までの和 $= \displaystyle\sum_{n=11}^{20} a_n = S_{20} - S_{10} \tag{1.25}$

式 (1.20) で $n = 20$ とすると

$$S_{20} = \frac{20}{2}(2 \times 3 + 19 \times 5) = 1\,010 \tag{1.26}$$

式 (1.20) で $n = 10$ とすると

$$S_{10} = \frac{10}{2}(2 \times 3 + 9 \times 5) = 255 \tag{1.27}$$

したがって，式 (1.26) と式 (1.27) を式 (1.25) へ代入すると

$$\therefore \quad \sum_{n=11}^{20} a_n = S_{20} - S_{10} = 1\,010 - 255 = 755$$

台形の面積から求めてみる。式 (1.22) の対応を用いる。

上底　　　a_{11}　　　$= a_1 + (11-1)d = 3 + 10 \times 5 = 53 = a_{10} + 5 = 53$

下底　　　a_{20}　　　$= a_1 + (20-1)d = 3 + 19 \times 5 = 98$

高さ　　　項の総数 $= 20 - 11 + 1 = 10$

$\therefore$　面積　$\displaystyle\sum_{n=11}^{20} a_n = \frac{10}{2}(53 + 98) = 5 \times 151 = 755$　　　　　$\diamondsuit$

例題 1.4　第 5 項 $a_5 = -32$，第 11 項 $a_{11} = 22$ である，等差数列 $\{a_n\}$ の一般項を求めなさい。ただし，初項 a_1 とする。

【解答】　等差数列の一般項の式 (1.19) に $n = 5$ を代入する。

$$a_5 = -32 = a_1 + (5-1)d = a_1 + 4d \tag{1.28}$$

式 (1.19) に $n = 11$ を代入する。

$$a_{11} = 22 = a_1 + (11-1)d = a_1 + 10d \tag{1.29}$$

式 (1.29) − 式 (1.28) で

$$54 = 6d \quad \longrightarrow \quad \therefore \quad d = 9 \tag{1.30}$$

式 (1.30) を式 (1.28) へ代入すると

$$\therefore \quad a_1 = -68 \tag{1.31}$$

式 (1.19) に式 (1.30)，式 (1.31) を代入すると，一般項

$$\therefore \quad a_n = -68 + (n-1)9 = 9n - 77 \tag{1.32}$$

◇

1.3.2 等 比 数 列

本項では，**等比数列**（geometical progression）について学ぶ。隣接する 2 項の比が一定である数列，つまり

$$\frac{a_n}{a_{n-1}} = r : 一定 \tag{1.33}$$

の数列 $\{a_n\}_{n=1,2,3,\cdots}$ を等比数列という。**等比数列の一般項** a_n は，**初項** a_1 と**公比**（common ratio）r を用いてどのように表すことができるのだろうか。等比数列の一般項を導く方法を示す。

$$
\left.
\begin{aligned}
a_n &= a_{n-1}r \\
&= a_{n-2}r \cdot r = a_{n-2}r^2 \\
&= a_{n-3}r \cdot r^2 = a_{n-3}r^3 \\
&\qquad \vdots \\
&= a_2 r \cdot r^{n-3} = a_2 r^{n-2} \\
&= a_1 r \cdot r^{n-2} = a_1 r^{n-1}
\end{aligned}
\right\} n-1 \text{ 個}
$$

$$一般項 : \quad a_n = a_1 r^{n-1} \quad , r : 公比, \quad a_1 : 初項 \tag{1.34}$$

つぎに，等比数列の初項 a_1 から第 n 項 a_n までの和 S_n を求めてみる。

等比数列の和　$S_n = \displaystyle\sum_{k=1}^{n} a_k$

1)　$r \neq 1$ のとき

$$S_n = a_1 + a_1 r + a_1 r^2 + \cdots + a_1 r^{n-2} + a_1 r^{n-1} \tag{1.35}$$

$$-)\quad rS_n = \qquad a_1 r + a_1 r^2 + \cdots + a_1 r^{n-2} + a_1 r^{n-1} + a_1 r^n$$

$$S_n - rS_n = a_1 - a_1 r^n \tag{1.36}$$

$$\therefore\quad S_n = \frac{1 - r^n}{1 - r} a_1 \tag{1.37}$$

2)　$r = 1$ のとき

$r^n = 1$ なので，式 (1.35) より

$$S_n = a_1 n \tag{1.38}$$

$$S_n = \begin{cases} \dfrac{1 - r^n}{1 - r} a_1 & (r \neq 1) \qquad ((1.37)\ 再掲) \\ a_1 n & (r = 1) \qquad ((1.38)\ 再掲) \end{cases}$$

例題 1.5　初項 $a_1 = 2$，公比 $r = 3$ の等比数列がある。一般項 a_n，第 5 項目 a_5，および第 6 項目から第 10 項目までの和を求めなさい。

【**解答**】　式 (1.34) より，一般項

$$a_n = a_1 r^{n-1} = 2 \times 3^{n-1} \tag{1.39}$$

式 (1.39) で $n = 5$ を代入すると

$$\therefore\quad a_5 = 2 \times 3^{5-1} = 2 \times 3^4 = 162 \tag{1.40}$$

$$第\,6\,項目から第\,10\,項目までの和 = \sum_{n=6}^{10} a_n = S_{10} - S_5 \tag{1.41}$$

式 (1.37) で $n = 10$ とすると

$$S_{10} = \frac{1 - 3^{10}}{1 - 3} \times 2 = 3^{10} - 1 \tag{1.42}$$

式 (1.37) で $n = 5$ とすると

$$S_5 = \frac{1 - 3^5}{1 - 3} \times 2 = 3^5 - 1 \tag{1.43}$$

したがって，式 (1.42) − 式 (1.43) より

$$\therefore \quad \sum_{n=6}^{10} a_n = S_{10} - S_5 = 3^{10} - 3^5 = 58\,806 \qquad \diamondsuit$$

1.3.3 漸 化 式

漸化式 (recurrence formula) とは，式 (1.18)，(1.33) のように，ある項を表すのにそれ以前の項を用いて再帰的に表す表現形式である。つぎに，漸化式の例を示す。

（1）　$a_n = a_{n-1} + 15$　←　等差数列

（2）　$a_1 = a_2 = 1,\ a_{n+2} = a_{n+1} + a_n \ (n \geqq 1)$　←　**フィボナッチ数列**
　　　　　　　　　　　　　　　　　　　　　　　　　　　　　（Fibonacci sequence）

（3）　$a_{n+2} = (n+3)a_{n+1} - 5a_n$

例題 1.6　つぎの漸化式で表される数列の一般項 a_n, x_n を求めなさい。

（1）　$a_1 = 1, a_{n+1} = \dfrac{a_n}{a_n + 1}$ 　　$(n \geqq 1)$ 　　　　　　(1.44)

（2）　$a_0 = 0, a_{n+1} = 2a_n + 1$ 　　　$(n \geqq 0)$ 　　　　　　(1.45)

（3）　$x_0 = 1, x_n = x_{n-1} + n$ 　　　$(n \geqq 1)$ 　　　　　　(1.46)

【解答】

（1）　式 (1.44) から $a_1 = 1$，$a_{n+1} \neq 0 \ (n = 1, 2, \cdots)$ より，式 (1.44) の逆数をとると

$$\frac{1}{a_{n+1}} = 1 + \frac{1}{a_n} \quad \text{と表される。}$$

$$\frac{1}{a_{n+1}} - \frac{1}{a_n} = 1 \quad \leftarrow \quad b_n = \frac{1}{a_n} \text{ とおく}$$

$$b_{n+1} - b_n = 1 \quad \leftarrow \quad \text{等差数列}$$

$$b_n = b_1 + (n-1) \times 1 = \frac{1}{a_1} + n - 1 = n = \frac{1}{a_n}$$

$$\therefore \quad a_n = \frac{1}{n}$$

（2）　式 (1.45) を変形して $(a_n - \alpha)$ の等比数列の形で表す。

$$(a_{n+1} - \alpha) = \beta(a_n - \alpha)$$

$$a_{n+1} = \beta a_n + \alpha(1 - \beta) \tag{1.47}$$

式 (1.45) と式 (1.47) は同値である。すなわち

式 (1.45) の右辺 ＝ 式 (1.47) の右辺

したがって，$\underline{2a_n} + \underset{\sim}{1} = \underline{\beta a_n} + \underset{\sim}{\alpha(1 - \beta)}$ の両辺の a_n と定数項の係数を比較することで

$\underline{a_n}$ と定数項の比較より $\begin{cases} \underline{2} = & \underline{\beta} \\ \underset{\sim}{1} = & \underset{\sim}{\alpha(1 - \beta)} \end{cases}$

となり，連立方程式を解くと，$\beta = 2$，$\alpha = -1$ となり，式 (1.45) は

$$a_{n+1} + 1 = 2(a_n + 1) \quad \longleftarrow \quad b_n = a_n + 1$$

$$b_{n+1} = 2b_n \qquad\qquad \longleftarrow \quad \text{等比数列}$$

$$b_n = 2b_{n-1} = 2^n b_0 = 2^n(a_0 + 1) = 2^n(0 + 1) = 2^n$$

$$a_n + 1 = 2^n$$

$$\therefore \quad a_n = 2^n - 1$$

（3）　式 (1.46) で逐次 n に $n-1,\ n-2, \cdots, 2, 1$ を代入すると以下のようになる。

$$\left.\begin{array}{r} x_n - x_{n-1} = n \\ x_{n-1} - x_{n-2} = n - 1 \\ \vdots \\ x_2 - x_1 = 2 \\ +)\quad x_1 - x_0 = 1 \end{array}\right\} n \text{ 個}$$

$$x_n - x_0 = \sum_{k=1}^{n} k \tag{1.48}$$

式 (1.48) を変形する。

$$\therefore \quad x_n = 1 + \frac{n(n + 1)}{2} \qquad\qquad \diamondsuit$$

参考 1.2 （特性方程式による漸化式で表された数列の一般項の解法）

$$a \cdot a_{n+2} + b \cdot a_{n+1} + c \cdot a_n = 0 \qquad (n = 0, 1, 2, \cdots) \qquad (1.49)$$

で表された数列の**一般項**（general term）を求める。ここで，a，b，c は定数，かつ $a, c \neq 0$ とする。定数項の右辺は 0 であることに注意をする。この条件を満たせば，式 (1.49) の**特性方程式**（characteristic equation）は下記のように作ることができる。

$$a_{n+2} \longrightarrow \lambda^2,\, a_{n+1} \longrightarrow \lambda,\, a_n \longrightarrow 1 \qquad (1.50)$$

の変換式 (1.50) を式 (1.49) へ代入する。

$$特性方程式：a\lambda^2 + b\lambda + c = 0 \qquad (1.51)$$

特性方程式 (1.51) の解を，α，β とする。

特性方程式の解の状態により 2 種類に分かれる。

$$a_n = \begin{cases} c_1 \alpha^n + c_2 \beta^n \\ \alpha \neq \beta：異なる\textbf{実解}（\text{real solution}）, \\ \qquad \textbf{虚数解}（\text{imaginary solution}）^\dagger \qquad (1.52) \\ c_1 \alpha^n + c_2 n\beta^n = (c_1 + nc_2)\alpha^n \\ \alpha = \beta：\textbf{重解}（\text{multiple solution}） \qquad (1.53) \end{cases}$$

解と係数の関係より

$$\alpha + \beta = -\frac{b}{a}, \quad \alpha \times \beta = \frac{c}{a}$$

$$a \cdot a_{n+2} + b \cdot a_{n+1} + c \cdot a_n = 0$$

$$\Longleftrightarrow\ a_{n+2} - (\alpha + \beta) \cdot a_{n+1} + \alpha\beta \cdot a_n = 0$$

となる。章末問題【3】(3) で解法を確認できる。

---

† 本書では，数列は実数の範囲のみを扱うものとする。

章 末 問 題

【1】 毎年，年の初めに a 円ずつ預け入れるものとする。年利率 r で毎年その年の年末に利息を元金に繰り入れる複利法では，n 年の終了時点での元利合計はいくらになるか求めなさい。当然，$a \neq 0$, $r \neq 0$ とする。

【2】 数列 $\{a_n\}$ の初項 a_1 から第 n 項までの和 S_n がつぎの式で与えられるとき，数列 $\{a_n\}$ の一般項を求めなさい。

$$S_n = 3^n - 1 \tag{1.54}$$

【3】 つぎの数列の一般項を求めなさい。

（1）$x_0 = 1$, $x_n = x_{n-1} + 2n$ $\tag{1.55}$

　　※ヒント：等差数列の一般項の公式を導出する方法を使う。

（2）$a_1 = 1$, $a_{n+1} = \dfrac{a_n}{a_n + 2}$ $\tag{1.56}$

（3）$a_0 = 0$, $a_1 = 1$, $a_{n+2} - 3a_{n+1} + 2a_n = 0$ $\tag{1.57}$

【4】 つぎの数列の一般項 a_n を求めなさい。ただし，初項 a_1 とする。

（1）第 3 項 $= 7$, 第 10 項 $= -14$ の等差数列。

（2）第 2 項 $= 14$, 第 5 項 $= -112$ の等比数列。

【5】 数列 $\{a_n\}$ の初項 a_1 から第 n 項までの和 S_n がつぎの式で与えられるとき，数列 $\{a_n\}$ の一般項を求めなさい。

$$S_n = 2n^2 - n + 3 \tag{1.58}$$

2 数列の収束性
── $\varepsilon-\delta$ 論法への挑戦 ──

　1.3 節では，数列の基礎的な内容として高校までの復習をかねて，等差数列，等比数列を通して，一般項，数列の和などについて学びました。

　本章では，数列の収束・発散に関する諸定理について，数学を専門としない人にとっては少しわかり難いかもしれませんが，数列の収束の定義である **$\varepsilon-\delta$ 論法**の入門的な方法として，**$\varepsilon-N$ 論法**を学びます。この $\varepsilon-\delta$ 論法は，5 章のフーリエ級数の話の応用部分にあたる 5.6 節で学ぶ収束性の証明に用いられています。

2.1 数列の収束

　n を限りなく大きくすると a_n が一つの値 A に限りなく近づくなら，数列 $\{a_n\}$ は A に**収束**する。ここで，A を $\{a_n\}$ の**極限値**（limit）という。極限値が存在するとは，唯一の有限値に収束する場合だけをいう。

$$\left.\begin{array}{l} \displaystyle\lim_{n\to\infty} a_n = A < +\infty \\[2mm] \text{または} \\[2mm] a_n \longrightarrow A < +\infty \qquad (n \longrightarrow \infty) \end{array}\right\} \tag{2.1}$$

定義 2.1　（**数列の収束**）　数列 $\{a_n\}$ がある実数 A に**収束**するということは，次式で示される。

　$\forall\varepsilon>0$ に対してある番号 N を定めると，$n>N$ なるすべての n に対して

$$|A - a_n| < \varepsilon \tag{2.2}$$

が成り立つ。

数列 $\{a_n\}$ が A に収束するということは，$\forall \varepsilon > 0$，すなわち 0 以上であればどんな値でも構わない ε が与えられたとき，$|A - a_n| < \varepsilon$ が成り立つように $n > N$ となる N を定められるということである。ε は

どんな値でも構わない＝0以上であればどんなに小さな値を与えてもよい

ということである。例えば，$\varepsilon = 10^1$ でも 10^{-100} でも $10^{-10\,000\,000}, \cdots$ でも構わないということである。

定義 2.1 の数列 $\{a_n\}$ が A に収束する概念図を図 **2.1** に示す。

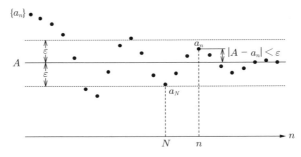

図 2.1　数列の収束の概念図

例題 2.1　$a_n = \dfrac{1}{n}$ で表される数列 $\{a_n\}$ がある。$A = \lim_{n \to \infty} a_n = 0$ であることを定義 2.1 に当てはめて，$\varepsilon = 1$ および 10^{-3} が与えられたとき，N が定まることを確認しなさい。

【解答】

（1）　$\varepsilon = 1$ が与えられたとき

$$|A - a_n| = \left| 0 - \frac{1}{n} \right| = \left| \frac{1}{n} \right| = \frac{1}{n} < \varepsilon = 1$$

$$\therefore \quad n > \frac{1}{1} = 1 = N$$

$N = 1$ が定められる。

（2）　$\varepsilon = 10^{-3}$ が与えられたとき

$$|A - a_n| = \left| 0 - \frac{1}{n} \right| = \left| \frac{1}{n} \right| = \frac{1}{n} < \varepsilon = 10^{-3}$$

$$\therefore \quad n > \frac{1}{10^{-3}} = 10^3 = N$$

$N = 10^3$ が定められる。　　　　　　　　　　　　　　　　　　　◇

このように，数列 $\{a_n\}$ が A に収束するとき，どのように小さな値の ε が与えられても，N を定めることができる。

　　i.e.　数列 $\{a_n\} = \left\{ \dfrac{1}{n} \right\}$ は，$A = 0$ に収束する。

例題 2.2　$\{a_n\} = \dfrac{1}{n}$ で表される 数列 $\{a_n\}$ がある。$A = \displaystyle\lim_{n \to \infty} a_n \neq 0.1$ であることを定義 2.1 に当てはめて，$\varepsilon = 0.01$，$N = 10^3$ と定めたときに矛盾をきたすことで示しなさい。

【解答】　$\varepsilon = 0.01$ が与えられている。定義 2.1 の式 (2.2) に A, a_n を代入すると

$$|A - a_n| = \left| 0.1 - \frac{1}{n} \right| < \varepsilon = 0.01 \tag{2.3}$$

式 (2.3) の左辺の

　　　絶対値の中が正のとき　：　　$0.1 - \dfrac{1}{n} \quad < 0.01$

　　　絶対値の中が負のとき　：　$-\left(0.1 - \dfrac{1}{n} \right) \quad < 0.01$

となり

$$0.09 < \frac{1}{n} < 0.11 \tag{2.4}$$

となる。ここで，式 (2.2) が成立していればある番号 N を $N = 10^3$ としたとき，$N < n$ なるすべての n について式 (2.4) を満たしているはずである。すなわち，定義 2.1 より

$$N = 10^3 < n \iff \frac{1}{n} < 0.001 \tag{2.5}$$

となる。式 (2.5) は式 (2.4) を満たさない。したがって，a_n は 0.1 に収束しない。

$$\therefore \quad A = \lim_{n \to \infty} a_n \neq 0.1 \qquad\qquad\qquad ◇$$

参考 2.1 （$\varepsilon - N$ を用いた $\displaystyle\lim_{n \to \infty} a_n = 0$ の証明）　　数列 $\{a_n\}$ で

$$a_n = \frac{1}{n}$$

のとき

$$A = \lim_{n \to \infty} a_n = 0$$

であることを定義 2.1 を用いて示す。$\forall \varepsilon \, (> 0) \in \mathbb{R}$ に対して，$n > N$ となるすべての $n \in \mathbb{N}$ について

$$\left| 0 - \frac{1}{n} \right| < \varepsilon \ \text{となる} \ \exists N \in \mathbb{N} \ \text{である} \ N \geqq \frac{1}{\varepsilon} \ \text{となる} \ N$$

を考える。

　　※注意：具体的な N を決定したいときには $N = \left\lceil \dfrac{1}{\varepsilon} \right\rceil^{\dagger}$

$$n > N \geqq \frac{1}{\varepsilon} > 0$$

この不等式の逆数をとると

$$0 < \frac{1}{n} < \frac{1}{N} \leqq \varepsilon$$

$$\therefore \quad |A - a_n| = \left| 0 - \frac{1}{n} \right| = \left| \frac{1}{n} \right| = \frac{1}{n} < \varepsilon \ \text{となる} \ N \ \text{が定められた。}$$

$$i.e. \quad \text{数列} \ \{a_n\} = \left\{ \frac{1}{n} \right\} \ \text{は，} \ A = 0 \ \text{に収束する。}$$

2.2　数 列 の 発 散

　　数列には一定の値に収束しないものがある。収束しない数列は**発散**するという。

$\dagger$　**天井関数**（ceiling function）を表し，$\lceil x \rceil = \min\{n \in \mathbb{Z} \,|\, x \leq n\}$ である。詳細な意味は「本書で用いるおもな記号とその意味」を参照。

定義 2.2 （数列の発散） 数列 $\{a_n\}$ が $+\infty$ に発散するということは $\forall L > 0$ に対してある番号 N を定めると，$n > N$ なるすべての n に対して

$$a_n > L \tag{2.6}$$

が成り立つ。

数列 $\{a_n\}$ が発散するということは，$\forall L > 0$，すなわち 0 以上であればどんな値でも構わない **L** が与えられたとき，$a_n > L$ とすることができる $n > N$ となる N を定められるということである。L は

どんな値でも構わない ＝ 0 以上であればどんなに大きな値を与えてもよい

ということである。例えば，$L = 10^1$ でも 10^{100} でも $10^{10\,000\,000}, \cdots$ でも構わないということである。定義 2.2 の数列 $\{a_n\}$ が発散する概念図を図 **2.2** に示す。

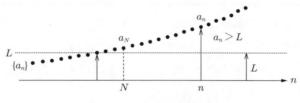

図 **2.2** 数列の発散の概念図

2.3 有界と上極限・下極限

ここでは，数列の極限を学ぶ上で重要な**有界**（bounded）や**コーシー列**（Cauchy sequence）について説明する。また，**上極限**（superior limit）・**下極限**（inferior limit）についても説明する。

2.3.1 有 界 と は
ある実数の集合 S に対して，つぎの定義がある。

定義 2.3　（上に有界と下に有界）

$$\forall x \in S \tag{2.7}$$

とする。ある数 M に対して

$$x \leqq M \tag{2.8}$$

のとき S は**上に有界**（bounded above）であるという。このとき M を S の**上界**（upper bound）という。同様に，ある数 N に対して

$$N \leqq x \tag{2.9}$$

のとき S は**下に有界** [†]（bounded below）であるという。このとき N を S の**下界**（lower bound）という。上にも下にも有界なとき，単に有界という。

さて，S に最大値があればそれが上界の最小値であり，最小値があればそれが下界の最大値である。また，S が有界ならば最大の値や最小の値がなくても，最小の上界や最大の下界が存在するが，当然 S には属していないことになる。また，上限と下限の定義は以下のようになる。

定義 2.4　（上限と下限）

上限（upper limit）とは上界の最小値 $\tag{2.10}$

下限（lower limit）とは下界の最大値 $\tag{2.11}$

これを具体例で見てみる。集合 S に属する任意の要素を x とすると

$$b \leqq x \leqq a \longrightarrow \quad a を集合 S の上限，b を下限$$

[†]　「上に有界」は「上方に有界」と，そして「下に有界」は「下方に有界」ともいう。

あるいは

$$b < x < a \longrightarrow \quad a \text{ を集合 } S \text{ の上界, } b \text{ を下界}$$

$$(a \text{ が集合 } S \text{ の上限, } b \text{ が下限となりうる})$$

となる。この例からわかるように，閉区間のときに上限と下限は集合 S に属するが，開区間のときには集合 S に属さない。

2.3.2 上極限と下極限

有界な数列 S_n のはじめから m 個を除いた上限を l_m，下限を m_m とする。$\{S_n\}$ が有界な場合，$\{l_m\}$，$\{m_n\}$ は，ともに単調で有界な数列となり，収束する。その収束値をそれぞれ λ，μ とすると

$$\lim_{n \to \infty} l_n = \lambda \tag{2.12}$$

$$\lim_{n \to \infty} m_n = \mu \tag{2.13}$$

となる。そして，つぎの**上極限**と**下極限**の定義が得られる。

定義 2.5 （上極限と下極限）　λ を有界な数列 $\{S_n\}$ の上極限といい

$$\limsup_{n \to \infty} S_n = \lambda \tag{2.14}$$

または

$$\overline{\lim_{n \to \infty}} \, S_n = \lambda \tag{2.15}$$

と表記する。また，μ を有界な数列 $\{S_n\}$ の下極限といい

$$\liminf_{n \to \infty} S_n = \mu \tag{2.16}$$

または

$$\underline{\lim_{n \to \infty}} \, S_n = \mu \tag{2.17}$$

と表記する。そして，$\lambda = \mu$ のとき，数列は収束して

$$\lim_{n \to \infty} S_n = \overline{\lim_{n \to \infty}} S_n = \underline{\lim_{n \to \infty}} S_n = \lambda = \mu \tag{2.18}$$

となる。

2.3.3 コーシー列とは

数列の収束にとって重要なコーシー列の定義をつぎに示す。

定義 2.6 （コーシー列）　数列 $\{a_n\}$ がつぎの条件を満たすとき **コーシー列** という。

$\forall \varepsilon > 0$ に対してある番号 N を定めると，$m, n > N$ なるすべての $m, n \in \mathbb{N}$ に対して

$$|a_m - a_n| < \varepsilon \tag{2.19}$$

が成り立つ。

定義 2.7 （コーシー列と有界）　コーシー列は有界である。

定義 2.8 （コーシー列と収束）　コーシー列は収束する。

定義 2.9 （収束の必要十分条件）　数列 $\{a_n\}$ が収束するための必要十分条件はそれがコーシー列をなすことである。

$i.e.$ 数列 $\{a_n\}$ が収束 $\iff$ 数列 $\{a_n\}$ はコーシー列

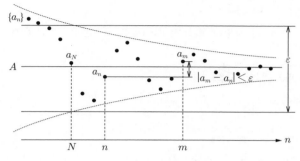

図 2.3　コーシー列が収束するという概念図

このコーシー列が収束するという概念図を図 **2.3** に示す。

例題 2.3　数列 $\{a_n\}$ で $a_n = (-1)^n$ $(n \geqq 1)$ が収束しないことを，コーシー列をなさないことにより示しなさい。

【解答】　解答方針を示す。

（ 1 ）　式 (2.19) が成り立たないことを示せばよいので
$|a_m - a_n| \not< \varepsilon$ となる a_m と a_n の組合せ条件を探す。

（ 2 ）　$\forall \varepsilon > 0$ の条件を満たし，探した a_m，a_n から，ε を設定する。

（ 3 ）　設定した ε で $N < m, n$ となるすべての m，n で式 (2.19) を満足しないことを示す。

定義 2.6 より，$n = m + 1$ として，式 (2.19) の左辺を計算すると

$$|a_m - a_n| = |a_m - a_{m+1}| = |(-1)^m - (-1)^{m+1}| = 2|(-1)^m| = 2$$

$$(2.20)$$

したがって，$\varepsilon = 1$ について考えると

$|a_m - a_n| = 2 \not< \varepsilon = 1$ となり，コーシー列を満たす $N < n$ は存在しない。

◇

2.4　数 列 の 極 限

2.1 節では，数列の収束について，2.2 節では，数列の発散について，それぞ

れ $\varepsilon - N$ 論法を用いて調べた。

ここでは，数列の極限の分類と極限に関する諸定理について述べる。

2.4.1 数列の極限の分類

一般に数列の極限は

$$収束：\lim_{n \to \infty} a_n = A < +\infty \quad 極限値 \ A \tag{2.21}$$

$$発散：\lim_{n \to \infty} a_n =$$

$$\begin{cases} \infty & 正の無限大に発散 & \text{(2.22a)} \\ -\infty & 負の無限大に発散 & \text{(2.22b)} \\ 振動 & 式 (2.21), (2.22a), (2.22b) 以外の状態 & \text{(2.22c)} \end{cases}$$

に分類できる。

収束する数列の例として，単純に収束する $a_n = \left(\dfrac{1}{2}\right)^n$ を図 **2.4**（a）に，$+/-$ と**振動**（oscillation）しながら収束する $a_n = (-1)^n \dfrac{1}{n}$ を図（b）に示す。

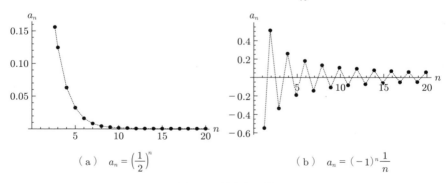

（a）　$a_n = \left(\dfrac{1}{2}\right)^n$ 　　　　（b）　$a_n = (-1)^n \dfrac{1}{n}$

図 **2.4**　収束する例

発散する数列の例として，単純に $+\infty$ に発散する $a_n = \left(\dfrac{3}{2}\right)^n$ を図 **2.5**（a）に，単純に $-\infty$ に発散する $a_n = -n$ を図（b）に，$+/-$ と振動しながら $\sin n$ の符号により $-\infty$ か $+\infty$ に発散する $a_n = n \cdot \sin n$ を図（c）に，$+/-$ と振動した状態（これも発散に含まれる）$a_n = \cos n$ を図（d）に示す。

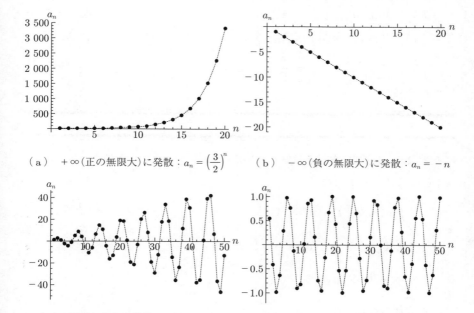

（a）　$+\infty$（正の無限大）に発散：$a_n = \left(\dfrac{3}{2}\right)^n$　　　　（b）　$-\infty$（負の無限大）に発散：$a_n = -n$

（c）　振動しながら発散：$a_n = n \cdot \sin n$　　　　（d）　振動した状態（発散）：$a_n = \cos n$

図 **2.5**　発散する例

2.4.2　数列の極限に関する定理

数列の極限とその性質を表す定理を示す。

定理 2.1　（**数列の極限**）　　数列 $\{a_n\}$ の極限値は，存在すればただ一つに限る。

定理 2.2　（**数列の極限の性質**）　　数列 $\{a_n\}$ の極限値 $\displaystyle\lim_{n\to\infty} a_n = A$，数列 $\{b_n\}$ の極限値 $\displaystyle\lim_{n\to\infty} b_n = B$ をもつとすると

（1）　　$\displaystyle\lim_{n\to\infty} \{c \times a_n\} = c \times A$　　　　　　　　　　(2.23a)

（2）　　$\displaystyle\lim_{n\to\infty} |a_n| \quad = |A|$　　　　　　　　　　　(2.23b)

（ 3 ）　$\displaystyle\lim_{n\to\infty} \{a_n \pm b_n\} = A \pm B$ $\hspace{4em}$ (2.23c)

（ 4 ）　$\displaystyle\lim_{n\to\infty} \{a_n \times b_n\} = A \times B$ $\hspace{4em}$ (2.23d)

（ 5 ）　$\displaystyle\lim_{n\to\infty} \frac{a_n}{b_n}\ \ \ \ = \frac{A}{B}$ $\hspace{2em}(B \neq 0)$ $\hspace{3em}$ (2.23e)

が成り立つ。

補題 2.1　（**数列におけるはさみうち法の原理**）　三つの数列 $\{a_n\}$，数列 $\{b_n\}$，数列 $\{c_n\}$ に対して

$$\lim_{n\to\infty} a_n = \lim_{n\to\infty} c_n = A \tag{2.24}$$

とするとき，十分大きな $\forall n \in \mathbb{N}$ に対して

$$a_n \leqq b_n \leqq c_n$$

が成立するなら

$$\lim_{n\to\infty} b_n = A \tag{2.25}$$

となる。これが**はさみうち法の原理**（squeeze principle, sandwich principle）である。

例題 2.4　$a_n = \dfrac{n}{2^n}$ $(n = 1, 2, \cdots)$ は 0 に収束することを示しなさい。

【解答】　$2^n = (1+1)^n$ の右辺に **2 項定理**（binomial theorem）を適用する。

$$2^n = (1+1)^n = \sum_{k=0}^{n} \binom{n}{k} 1^{n-k} \times 1^k = \sum_{k=0}^{n} \binom{n}{k}$$

$$= 1 + n + \frac{n(n-1)}{2} + \cdots + \frac{n(n-1)}{2} + n + 1$$

$$\therefore \quad 2^n > \frac{n(n-1)}{2}$$

両辺を n で割ると

$$\frac{2^n}{n} > \frac{n-1}{2} \iff \frac{n}{2^n} < \frac{2}{n-1}$$

$a_n > 0$ より

$$0 < a_n = \frac{n}{2^n} < \frac{2}{n-1}$$

となり，補題 2.1 より

$$\therefore \quad \lim_{n \to \infty} a_n = \lim_{n \to \infty} \frac{n}{2^n} \leqq \lim_{n \to \infty} \frac{2}{n-1} = 0 \iff \lim_{n \to \infty} a_n = 0$$

となる。この数列 $\{a_n\}$ が 0 に収束する様子を図 2.6 に示す。

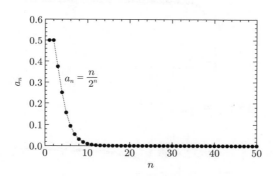

図 **2.6**　数列 $a_n = \dfrac{n}{2^n}$ が 0 へ収束する様子

$\Diamond$

参考 2.2　（2 項定理）

$$(a+b)^n = \sum_{k=0}^{n} \binom{n}{k} a^{n-k} b^k = \sum_{k=0}^{n} \binom{n}{k} a^k b^{n-k}$$

$$= a^n + na^{n-1}b + \frac{n(n-1)}{2} a^{n-2}b^2 + \cdots$$

$$+ \frac{n(n-1)}{2} a^2 b^{n-2} + nab^{n-1} + b^n$$

例題 2.5　$a_n = \dfrac{1 + 2n^2}{1 - 3n^2}$ のとき $\{a_n\}$ の極限値を求めなさい。

【解答】 a_n の極限値を求める。

$$a_n = \frac{\dfrac{1}{n^2} + 2}{\dfrac{1}{n^2} - 3} \longrightarrow -\frac{2}{3} \qquad (n \longrightarrow \infty)$$

この数列 $\{a_n\}$ が $-\dfrac{2}{3}$ に収束する様子を図 **2.7** に，その拡大図を図 **2.8** に示す。

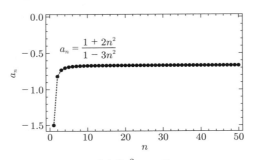

図 **2.7** 数列 $a_n = \dfrac{1 + 2n^2}{1 - 3n^2}$ が $-\dfrac{2}{3}$ へ収束する様子

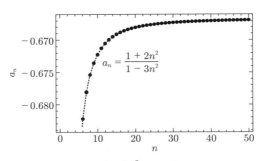

図 **2.8** 数列 $a_n = \dfrac{1 + 2n^2}{1 - 3n^2}$ が $-\dfrac{2}{3}$ へ収束する様子
（拡大図）   ◇

例題 2.6 $\displaystyle \lim_{n \to \infty} A_n = A < +\infty$ ならば

$$\lim_{n \to \infty} \frac{1}{n}(A_1 + A_2 + \cdots + A_n) = \lim_{n \to \infty} \left\{ \frac{1}{n} \sum_{i=1}^{n} A_i \right\} = A \quad (2.26)$$

となることを用いて

$$a_n = \sqrt[n]{n} \tag{2.27}$$

の極限値を求めなさい。

【解答】 式 (2.27) の両辺の対数をとると

$$\log a_n = \log \sqrt[n]{n} = \log n^{\frac{1}{n}} = \frac{1}{n} \log n \tag{2.28}$$

式 (2.28) の右辺で評価する。ここで，$b_1 = 1$, $b_k = \dfrac{k}{k-1}$ $(k \geqq 2)$ となる数列 $\{b_n\}$ を考える。

$$b_1 \cdot b_2 \cdot b_3 \cdots b_{n-1} \cdot b_n = \frac{1}{1} \cdot \frac{2}{1} \cdot \frac{3}{2} \cdots \frac{n-1}{n-2} \cdot \frac{n}{n-1} = n$$

両辺の対数をとると

$$\log n = \log b_1 + \log b_2 + \cdots + \log b_{n-1} + \log b_n = \sum_{i=1}^{n} \log b_i \tag{2.29}$$

式 (2.29) の両辺に $\dfrac{1}{n}$ を掛けて

$$\frac{1}{n} \log n = \frac{1}{n} \sum_{i=1}^{n} \log b_i \tag{2.30}$$

式 (2.28) より，式 (2.30) の左辺は $\log a_n$ となる。

$$\frac{1}{n} \log n = \frac{1}{n} \left(\log b_1 + \log b_2 + \cdots + \log b_n \right) \tag{2.31}$$

$$\log a_n = \frac{1}{n} \log n = \frac{1}{n} \sum_{i=1}^{n} \log b_i = \frac{1}{n} \sum_{i=1}^{n} c_i \qquad (c_i = \log b_i) \tag{2.32}$$

式 (2.32) の右辺は式 (2.26) より，$\displaystyle\lim_{n \to \infty} c_n$ で評価できる。$n \geqq 2$ では

$$c_n = \log b_n = \log \frac{n}{n-1} \longrightarrow \log 1 = 0 \qquad (n \longrightarrow \infty) \tag{2.33}$$

式 (2.26) より，式 (2.32) 右辺は $\log 1 = 0$ へ収束する。

$$\text{式 (2.32) 右辺} = \lim_{n \to \infty} \frac{1}{n} \sum_{i=1}^{n} c_i = \lim_{n \to \infty} c_n = \log 1 = 0$$

$$\therefore \quad \text{式 (2.32) 左辺} = \lim_{n \to \infty} \log a_n = \log 1 = 0 \quad \longrightarrow \lim_{n \to \infty} a_n = 1 \qquad \diamondsuit$$

参考 2.3 （例題 **2.6** の前提：式 (**2.26**) の証明） A が有界なので $B_n = A_n - A$ となる数列 $\{B_n\}$ を考えると

$$\lim_{n\to\infty} B_n = \lim_{n\to\infty}(A_n - A) = \lim_{n\to\infty} A_n - A = A - A = 0$$

となり，$\{B_n\}$ も有界で 0 へ収束する。このことは

$$\frac{B_1 + B_2 + \cdots + B_n}{n} = \frac{A_1 + A_2 + \cdots + A_n}{n} - A$$

となるので，定義 2.1 より

$$\lim_{n\to\infty} \frac{B_1 + B_2 + \cdots + B_n}{n} = 0$$

を示せば十分である。$B_n \longrightarrow 0 \ (n \longrightarrow \infty)$ より $\forall \varepsilon > 0$ のとき，$n > N$ となるすべての n に対して

$$|B_n| < \frac{\varepsilon}{2}$$

となる番号 N が定められる。$\{B_n\}$ は有界なので $|B_i| \leqq K \, (i = 1, 2, \cdots, N)$ とすると $n > N$ ならば

$$\left| \frac{B_1 + B_2 + \cdots + B_N + B_{N+1} + \cdots + B_n}{n} \right|$$

$$\leqq \frac{|B_1| + |B_2| + \cdots + |B_N|}{n} + \frac{|B_{N+1}| + |B_{N+2}| + \cdots + |B_n|}{n}$$

$$\left(\begin{array}{l} \text{第 1 項目の } |B_i| \ (1 \leqq i \leqq N) \text{ の } N \text{ 個をその最大値 } K \text{ で，} \\ \text{第 2 項目の } |B_i| \ (N+1 \leqq i \leqq n) \text{ を } (n-N) \text{ 個の } \frac{\varepsilon}{2} \text{ で置き換える} \end{array} \right)$$

$$< \frac{KN}{n} + \frac{(n-N)}{n}\frac{\varepsilon}{2} \quad \longleftarrow \quad n > N \text{ より } \frac{n-N}{n} < 1$$

$$< \frac{KN}{n} + \frac{\varepsilon}{2} \quad \longleftarrow \quad n \text{ を十分に大きくとり } \frac{KN}{n} < \frac{\varepsilon}{2} \text{ とさせる}$$

$$< \frac{\varepsilon}{2} + \frac{\varepsilon}{2} = \varepsilon$$

したがって，$\forall \varepsilon > 0$ に対して，$n > N$ となるすべての n で 0 に収束する。

$$i.e. \quad \left| \frac{B_1 + B_2 + \cdots + B_n}{n} \right| = \left| \frac{A_1 + A_2 + \cdots + A_n}{n} - A \right| < \varepsilon$$

$$\therefore \quad \frac{A_1 + A_2 + \cdots + A_n}{n} \longrightarrow A \qquad (n \longrightarrow \infty)$$

2.5 単 調 数 列

数列には，連続する a_n と a_{n+1} $(n \geqq 0)$ との 2 項間が，つねに増加あるいは等しい（減少しない）**単調増加数列**（monotonically increasing sequence）がある。等しい場合も含めるときには，特に単調非減少数列と呼ぶこともある。また，連続する 2 項間が，つねに減少あるいは等しい（増加しない）**単調減少数列**（monotonically decreasing sequence）がある。等しい場合も含めるときには，特に単調非増加数列と呼ぶこともある。

定義 2.10　（単調増加数列）

$$a_1 \leqq a_2 \leqq a_3 \leqq \cdots \leqq a_n \leqq a_{n+1} \leqq \cdots \tag{2.34}$$

である数列 $\{a_n\}$ を単調増加数列という。

定義 2.11　（単調減少数列）

$$a_1 \geqq a_2 \geqq a_3 \geqq \cdots \geqq a_n \geqq a_{n+1} \geqq \cdots \tag{2.35}$$

である数列 $\{a_n\}$ を単調減少数列という。

単調数列の収束に関する定理を以下に示す。

定理 2.3 （単調増加数列の収束）   単調増加数列 $\{a_n\}$ は，上方に有界な らば収束する。有界でなければ，発散 $\lim_{n \to \infty} a_n = \infty$ する。

定理 2.4 （単調減少数列の収束）   単調減少数列 $\{a_n\}$ は，下方に有界な らば収束する。有界でなければ，発散 $\lim_{n \to \infty} a_n = -\infty$ する。

例題 2.7 $a_n = \left(1 + \dfrac{1}{n}\right)^n$ が単調増加数列であり有界であることを示しな さい。

【解答】   解答方針を示す。
  （ 1 ） 単調増加 $\longrightarrow$ a_n と a_{n+1} の大小関係を調べる。
      (1-1) a_n を 2 項展開して a_{n+1} との大小関係を調べやすい形に変形 する。
      (1-2) a_{n+1} も同様な変形を行う。
      (1-3) 変形した a_n と a_{n+1} を用いて大小関係を調べる。
  （ 2 ） a_n を変形して上に有界か調べる。
まず，a_n を 2 項展開すると

$$a_n = \left(1 + \frac{1}{n}\right)^n = \sum_{k=0}^{n} \binom{n}{k} 1^{n-k} \left(\frac{1}{n}\right)^k \tag{2.36}$$

$$= \sum_{k=0}^{n} \frac{n!}{(n-k)! \; k!} \left(\frac{1}{n}\right)^k$$

$$= \sum_{k=0}^{n} \frac{1}{k!} \cdot \frac{n!}{(n-k)!} \cdot \frac{1}{n^k}$$

$$= \sum_{k=0}^{n} \frac{1}{k!} \cdot \frac{n(n-1)(n-2)\cdots(n-(k-1))\cdot(n-k)!}{(n-k)!} \cdot \frac{1}{n^k}$$

$$= \sum_{k=0}^{n} \frac{1}{k!} \cdot \overbrace{\frac{n(n-1)(n-2)\cdots(n-(k-1))}{n^k}}^{n \text{ から } (n-(k-1)) \text{ まで } k \text{ 項}}$$

$$= \sum_{k=0}^{n} \frac{1}{k!} \cdot \frac{n}{n} \cdot \frac{n-1}{n} \cdot \frac{n-2}{n} \cdots \frac{n-(k-2)}{n} \cdot \frac{n-(k-1)}{n}$$

$$= \sum_{k=0}^{n} \frac{1}{k!} \cdot 1 \cdot \left(1-\frac{1}{n}\right) \cdot \left(1-\frac{2}{n}\right) \cdots \left(1-\frac{k-2}{n}\right) \cdot \left(1-\frac{k-1}{n}\right)$$

$$= 1 + \frac{1}{1!} \cdot \frac{n}{n} + \frac{1}{2!} \cdot \frac{n(n-1)}{n^2} + \frac{1}{3!} \cdot \frac{n(n-1)(n-2)}{n^3} + \cdots$$

$$+ \frac{1}{k!} \cdot \frac{n(n-1)(n-2)\cdots(n-(k-1))}{n^k} + \cdots + \frac{1}{n!} \cdot \frac{n!}{n^n}$$

$$= 1 + 1 + \frac{1}{2!}\left(1-\frac{1}{n}\right) + \frac{1}{3!}\left(1-\frac{1}{n}\right)\left(1-\frac{2}{n}\right) + \cdots$$

$$+ \frac{1}{k!}\left(1-\frac{1}{n}\right)\left(1-\frac{2}{n}\right)\cdots\left(1-\frac{k-1}{n}\right) + \cdots$$

$$+ \frac{1}{n!}\left(1-\frac{1}{n}\right)\left(1-\frac{2}{n}\right)\cdots\left(1-\frac{n-1}{n}\right) \tag{2.37}$$

ここで

$$\frac{n(n-1)(n-2)\cdots(n-(k-1))}{n^k}$$

$$= \frac{n}{n} \cdot \frac{n-1}{n} \cdot \frac{n-2}{n} \cdots \frac{n-(k-2)}{n} \cdot \frac{n-(k-1)}{n}$$

$$= 1 \cdot \left(1-\frac{1}{n}\right) \cdot \left(1-\frac{2}{n}\right) \cdots \left(1-\frac{k-2}{n}\right) \cdot \left(1-\frac{k-1}{n}\right)$$

となり

$$\frac{n!}{n^n} = \frac{n}{n} \cdot \frac{n-1}{n} \cdot \frac{n-2}{n} \cdots \frac{2}{n} \cdot \frac{1}{n}$$

$$= \frac{n}{n} \cdot \frac{n-1}{n} \cdot \frac{n-2}{n} \cdots \frac{n-(n-2)}{n} \cdot \frac{n-(n-1)}{n}$$

$$= \frac{1}{1} \cdot \left(1-\frac{1}{n}\right) \cdot \left(1-\frac{2}{n}\right) \cdots \left(1-\frac{n-2}{n}\right) \cdot \left(1-\frac{n-1}{n}\right)$$

a_n と同様に a_{n+1} を 2 項展開する。

$$a_{n+1} = \left(1+\frac{1}{n+1}\right)^{n+1} = \sum_{k=0}^{n+1} \binom{n+1}{k} \left(\frac{1}{n+1}\right)^k$$

$$= \sum_{k=0}^{n+1} \frac{(n+1)!}{(n+1-k)!\ k!} \left(\frac{1}{n+1}\right)^k$$

$$= \sum_{k=0}^{n+1} \frac{1}{k!} \frac{(n+1)!}{(n+1-k)!} \cdot \frac{1}{(n+1)^k}$$

$$= \sum_{k=0}^{n+1} \frac{1}{k!} \left\{ \frac{(n+1)(n+1)-1)((n+1)-2)((n+1)-3))}{} \right.$$

$$\left. \frac{\cdots((n+1)-(k-1)) \cdot ((n+1)-k)!}{((n+1)-k)!} \right\} \cdot \frac{1}{(n+1)^k}$$

$$= \sum_{k=0}^{n+1} \frac{1}{k!} \left\{ \frac{(n+1)(n+1)-1)((n+1)-2)((n+1)-3))}{} \right.$$

$$\left. \frac{\cdots((n+1)-(k-1))}{(n+1)^k} \right\}$$

$$= \sum_{k=0}^{n} \frac{1}{k!} \cdot 1 \cdot \left(1 - \frac{1}{n+1}\right) \cdot \left(1 - \frac{2}{n+1}\right) \cdots \left(1 - \frac{k-2}{n+1}\right) \cdot \left(1 - \frac{k-1}{n+1}\right)$$

$$= 1 + (n+1)\frac{1}{n+1} + \frac{(n+1)n}{2!} \cdot \frac{1}{(n+1)^2} + \cdots$$

$$+ \frac{1}{n!} \cdot \frac{(n+1)!}{(n+1-n)!} \cdot \frac{1}{(n+1)^n}$$

$$+ \frac{1}{(n+1)!} \cdot \frac{(n+1)!}{(n+1-(n+1))!} \cdot \frac{1}{(n+1)^{n+1}}$$

$$= 1 + 1 + \frac{1}{2!}\frac{n+1-1}{n+1} + \frac{1}{3!}\frac{(n+1-1)(n+1-2)}{(n+1)^2} + \cdots$$

$$+ \frac{1}{n!} \cdot \frac{(n+1-1)(n+1-2)\cdots(n+1-(n-1))}{(n+1)^{n-1}}$$

$$+ \frac{1}{(n+1)^{n+1}}$$

$$= 1 + 1 + \frac{1}{2!}\left(1 - \frac{1}{n+1}\right) + \frac{1}{3!}\left(1 - \frac{1}{n+1}\right)\left(1 - \frac{2}{n+1}\right) + \cdots$$

$$+ \frac{1}{n!}\left(1 - \frac{1}{n+1}\right)\left(1 - \frac{2}{n+1}\right)\cdots\left(1 - \frac{n-1}{n+1}\right)$$

$$+ \boxed{\frac{1}{(n+1)^{n+1}}} \qquad (2.38)$$

　ここで，a_n と a_{n+1} の各項を比較するため，k の範囲とそのときの各項の構成要素の大小関係を**表 2.1** に示す。

表 2.1　k の範囲とそのときの各項の構成要素の大小関係

$1 \leqq k \leqq n$ の範囲	$1 \geqq \quad \dfrac{k}{n} > \dfrac{k}{n+1}$
	$1 - \dfrac{k}{n} < 1 - \dfrac{k}{n+1} < 1$

a_n と a_{n+1} とを並べて，対応する項ごとに比較してみると，$\dfrac{1}{k!}$（$1 \leqq k \leqq n$）の各項は

$$a_n \ \text{の} \ \frac{1}{k!} \ \text{項の係数} < a_{n+1} \ \text{の} \ \frac{1}{k!} \ \text{項の係数} \tag{2.39}$$

となる。さらに，式 (2.38) より，a_{n+1} の項はさらに，右辺の最右端の正の項があるため a_n より大きい。

$$
\begin{aligned}
a_n ={}& \underline{1+1} + \frac{1}{2!}\left(1-\frac{1}{n}\right) + \frac{1}{3!}\left(1-\frac{1}{n}\right)\left(1-\frac{2}{n}\right) \\
&+\cdots+\frac{1}{k!}\left(1-\frac{1}{n}\right)\left(1-\frac{2}{n}\right)\cdots\left(1-\frac{k-1}{n}\right) \\
&+\cdots+\frac{1}{n!}\left(1-\frac{1}{n}\right)\left(1-\frac{2}{n}\right)\cdots\left(1-\frac{n-1}{n}\right)
\end{aligned}
$$

$$
\begin{aligned}
a_{n+1} ={}& \underline{1+1} + \frac{1}{2!}\left(1-\frac{1}{n+1}\right) + \frac{1}{3!}\left(1-\frac{1}{n+1}\right)\left(1-\frac{2}{n+1}\right) \\
&+\cdots+\frac{1}{k!}\left(1-\frac{1}{n+1}\right)\left(1-\frac{2}{n+1}\right)\cdots\left(1-\frac{k-1}{n+1}\right) \\
&+\cdots+\frac{1}{n!}\left(1-\frac{1}{n+1}\right)\left(1-\frac{2}{n+1}\right)\cdots\left(1-\frac{n-1}{n+1}\right) + \boxed{\frac{1}{(n+1)^{n+1}}}
\end{aligned}
$$

$$\therefore \quad a_n < a_{n+1} \quad \text{単調増加数列} \tag{2.40}$$

つぎに，a_n を式 (2.37) を用いて評価する。表 2.1 より

$$1 - \frac{k}{n} < 1 \tag{2.41}$$

$$\left(1-\frac{1}{n}\right)\left(1-\frac{2}{n}\right)\cdots\left(1-\frac{k-1}{n}\right) < 1$$

$$\frac{1}{k!}\left(1-\frac{1}{n}\right)\left(1-\frac{2}{n}\right)\cdots\left(1-\frac{k-1}{n}\right) < \frac{1}{k!} \tag{2.42}$$

となる。この式 (2.42) の大小関係を式 (2.37) に代入すると以下のようになる。

$$a_n = \underline{1+1} + \frac{1}{2!}\left(1-\frac{1}{n}\right) + \frac{1}{3!}\left(1-\frac{1}{n}\right)\left(1-\frac{2}{n}\right)$$

$$+ \cdots + \frac{1}{k!}\left(1 - \frac{1}{n}\right)\left(1 - \frac{2}{n}\right) \cdots \left(1 - \frac{k-1}{n}\right)$$

$$+ \cdots + \frac{1}{n!}\left(1 - \frac{1}{n}\right)\left(1 - \frac{2}{n}\right) \cdots \left(1 - \frac{n-1}{n}\right)$$

$$a_n < 1 + 1 + \frac{1}{2!} + \frac{1}{3!} + \cdots + \frac{1}{k!} + \cdots + \frac{1}{n!} \tag{2.43}$$

（下記の式 (2.46) を用いる）

$$< 1 + 1 + \frac{1}{2} + \frac{1}{2^2} + \cdots + \frac{1}{k^{k-1}} + \cdots + \frac{1}{2^{n-1}} \tag{2.44}$$

（第 2 項目以降は初項 1，公比 $r = \dfrac{1}{2}$ の等比数列の n 項の和）

$$= 1 + \frac{1 - \left(\dfrac{1}{2}\right)^n}{1 - \dfrac{1}{2}} < 3 \tag{2.45}$$

$$\left.\begin{array}{l} k! = \overbrace{k(k-1)(k-2) \cdots 4 \cdot 3 \cdot 2}^{k-1 \text{ 項}} \cdot 1 > 2^{k-1} \\[2mm] \dfrac{1}{k!} < \dfrac{1}{2^{k-1}} \end{array}\right\} \tag{2.46}$$

式 (2.40) から単調増加数列，式 (2.45) から上に有界となり，定理 2.3 より数列は収束する。   ◇

参考 2.4 （自然対数の底）

$$\lim_{n \to \infty}\left(1 + \frac{1}{n}\right)^n = e = 2.7182818284 \cdots \tag{2.47}$$

e：**自然対数の底** （base of the natural logarithm）（**ネイピア数** (Nepier's constant) あるいはネイピアの数）

式 (2.47) が自然対数の底に漸近している様子を**図 2.9** に示す。また，自然対数の底 e と式 (2.47) との誤差

$$誤差 = 自然対数の底 \ e - a_n = e - \left(1 + \frac{1}{n}\right)^n$$

の $n = 1000$ までの収束の様子を**図 2.10** に示す。

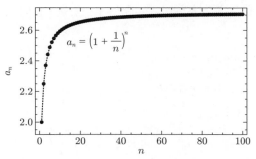

図 2.9 数列 $a_n = \left(1 + \dfrac{1}{n}\right)^n$ が自然対数の底 $e \simeq 2.718$ へ漸近する様子

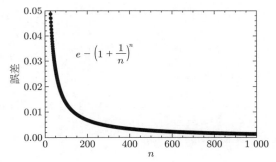

図 2.10 自然対数の底 e と数列 $a_n = \left(1 + \dfrac{1}{n}\right)^n$ との誤差

例題 2.8 $0 < a < 1$ ならば $a_n = a^n \longrightarrow 0 \ (n \longrightarrow \infty)$ となることを示しなさい。

【解答】

(1) $a_{n+1} - a_n \leqq 0$ より，減少数列を示す方法

$$a_{n+1} - a_n = a^{n+1} - a^n = a^n(a-1) < 0$$

$$\therefore \quad a_{n+1} < a_n \tag{2.48}$$

したがって

$\{a_n\}$ は単調減少数列

題意より $a > 0$ なので $a_n = a^n > 0$ となり，下方に有界な単調減少数列は収束する。

$$\lim_{n \to \infty} a_n = \lim_{n \to \infty} a^n = A$$

とすると，収束するので

$$\lim_{n \to \infty} a_{n+1} = A$$

$$A = \lim_{n \to \infty} a_{n+1} = \lim_{n \to \infty} a^{n+1} = \lim_{n \to \infty} \left(a \times a^n \right) = a \times \lim_{n \to \infty} a^n$$

したがって

$$A = a \times A \quad \text{かつ} \quad 0 < a < 1$$

$$\therefore \quad A = 0$$

（2） $0 < \dfrac{a_{n+1}}{a_n} \leqq 1$ より，減少数列を示す方法

$a_n = a^n > 0$ であるから

$$0 < \frac{a_{n+1}}{a_n} = \frac{a^{n+1}}{a^n} = a < 1 \longrightarrow \quad \{a_n\} \text{ は単調減少数列}$$

以下は，（1）と同じ。 $\diamond$

章 末 問 題

【1】 つぎの漸化式で示される数列 $\{a_n\}_{n=1,2,3\cdots}$

$$a_0 > 0, \quad a_{n+1} = \frac{1 + a_n{}^2}{2a_n} \qquad (n = 0, 1, 2, \cdots) \tag{2.49}$$

は単調減少数列であることを示し，一般項 a_n の極限値を求めなさい。
「相加平均 $\geqq$ 相乗平均」の関係を用いるとよい。

$$\left(\begin{array}{l} \text{相加平均} \geqq \text{相乗平均} \longrightarrow \dfrac{a+b}{2} \geqq \sqrt{ab} \\[2mm] a > 0, b > 0 \longrightarrow (\sqrt{a} - \sqrt{b})^2 = a + b - 2\sqrt{ab} \geqq 0 \end{array} \right)$$

【2】 つぎの極限値を求めなさい。

（1） $\displaystyle \lim_{n \to \infty} \left\{ \frac{2n^2 + 3n}{n^2 + n} \right\}$ \tag{2.50}

$$(2) \quad \lim_{n \to \infty} (n^2 - n) \tag{2.51}$$

$$(3) \quad \lim_{n \to \infty} \left\{ \frac{3^n - 2^n}{3^n + 2^n} \right\} \tag{2.52}$$

$$(4) \quad \lim_{n \to \infty} (\sqrt{n^2 - n} - n) \tag{2.53}$$

$$(5) \quad \lim_{n \to \infty} \left\{ \frac{1}{n} \sin \frac{n\pi}{3} \right\} \tag{2.54}$$

【3】 数列の収束に関する定義 2.1 に関する設問に答えなさい。

(1) 下記の数列の収束の定義 2.1 の [   ] に当てはまる式を書きなさい。

定義 2.1 （数列の収束） 数列 $\{a_n\}$ がある実数 A に収束するということは，$\forall \varepsilon > 0$ に対してある番号 N を定めると，$n > N$ なるすべての n に対して

[   ]

が成り立つ。

---

(2) 数列 $\{a_n\}$ で $a_n = \dfrac{1}{\sqrt{n}}$，$A = \lim_{n \to \infty} a_n = 0$ を定義 2.1 に当てはめて，$\varepsilon = 10^{-3}$ が与えられたとき，N が定まることを確認しなさい。

【4】 コーシー列の定義を用いることにより，一般項 a_n

$$a_n = 1 + \frac{1}{2} + \frac{1}{3} + \cdots + \frac{1}{n} = \sum_{k=1}^{n} \frac{1}{k} \qquad (n \geqq 1) \tag{2.55}$$

が収束しないことを証明しなさい。

※ヒント：$N < n$，$m = 2n$ となる m，n について考える。

3 無限級数 ── べき級数を学ぶ，その前に ──

　2章では，本章を理解する上で重要な無限の数列に関してさまざまな定理を学びました。級数論の基礎の最終的な目標となっている5章のフーリエ級数の理解には，4章のべき級数が重要な章となります。

　本章では，べき級数を理解するために必要となる知識として，無限級数の収束の概念，収束するのか発散するのかを調べられるさまざまな判定法などについて学びます。

3.1 無限級数

　無限個の項の和を**無限級数**という。

　数列 $\{a_n\}$ の各項を順に有限個だけ加えた和を

$$S_n = a_1 + a_2 + \cdots + a_n = \sum_{k=1}^{n} a_k \tag{3.1}$$

とする。もし，数列 $\{S_n\}$ が収束するならば，無限級数

$$\sum_{n=1}^{\infty} a_n \tag{3.2}$$

は収束するという。

$$S = \lim_{n \to \infty} S_n \tag{3.3}$$

　式 (3.3) を式 (3.2) で表される**級数の和**，S_n を**第 n 部分和**（単に部分和）という。収束しない級数は，発散するという。特に断らない限り，無限級数を単に**級数**（series）という。

　ここでは，無限級数の収束や発散，そして収束値を求めるときに用いる定理について説明する。

定理 3.1 （無限級数の性質）

性質 1　級数の各項に 0 と異なる定数 c を掛けても，その級数の収束，あるいは発散は変わらない。つまり以下となる。

$$\sum_{n=1}^{\infty} a_n = S \quad c \neq 0 \in \mathbb{R} \longrightarrow \sum_{n=1}^{\infty} \{c \times a_n\} = c \times S \quad (3.4)$$

性質 2　級数に有限個の項を足しても引いても，その級数の収束，あるいは発散は変わらない。

性質 3　無限級数が収束する必要条件は

$$\sum_{n=1}^{\infty} a_n \text{ が収束} \longrightarrow \lim_{n \to \infty} a_n = 0 \quad (3.5)$$

である。式 (3.5) の対偶である式 (3.6) は，成立する。

$$\lim_{n \to \infty} a_n \neq 0 \longrightarrow \sum_{n=1}^{\infty} a_n \text{ は発散} \quad (3.6)$$

ここで，性質 3 で注意しなければいけないことは

　式 (3.5) の逆は必ずしも成立しない

ということである。つまり，式 (3.5) は，無限級数が収束するための**必要条件**（necessary condition）であり，**十分条件**（sufficient condition）ではない。したがって，式 (3.5) の逆の $a_n \longrightarrow 0 \ (n \longrightarrow \infty)$ が成立しても，無限級数は収束するとは限らない。

$\boxed{\text{証明}}$　性質 3 の証明

第 $n-1$ 部分和 $S_{n-1} = \displaystyle\sum_{k=1}^{n-1} a_k$ とすると

第 n 部分和 $S_n = \displaystyle\sum_{k=1}^{n} a_k = \sum_{k=1}^{n-1} a_k + a_n = S_{n-1} + a_n \quad (3.7)$

となる。式 (3.7) より

$$a_n = S_n - S_{n-1} \tag{3.8}$$

となる。$\displaystyle\sum_{n=1}^{\infty} a_n$ は収束すると仮定したのでその級数の和を S とする。式 (3.8) の両辺の極限をとると

$$\lim_{n \to \infty} a_n = \lim_{n \to \infty} (S_n - S_{n-1}) = \lim_{n \to \infty} S_n - \lim_{n \to \infty} S_{n-1} = S - S = 0$$

$$\therefore \quad \lim_{n \to \infty} a_n = 0 \qquad\qquad\qquad\qquad \square^\dagger$$

例題 3.1　つぎの級数の収束・発散を判定せよ。収束するときには，その値を求めなさい。

$$(1) \quad \sum_{n=1}^{\infty} \frac{1}{n(n+1)} \tag{3.9}$$

$$(2) \quad \sum_{n=1}^{\infty} \frac{n}{n+1} \tag{3.10}$$

$$(3) \quad \sum_{n=1}^{\infty} \left(\sqrt{n+1} - \sqrt{n} \right) \tag{3.11}$$

【解答】　必ず，性質 3 の式 (3.5) の必要条件は満足しているか調べる。

（1）　式 (3.9) の第 n 項目 a_n が，必要条件を満足しているか調べる。

$$a_n = \frac{1}{n(n+1)} \longrightarrow 0 \quad (n \longrightarrow \infty)$$

より，性質 3 の式 (3.5) の必要条件は満足している。式 (3.9) の第 n 部分和 S_n とすると

$$S_n = \sum_{k=1}^{n} \frac{1}{k(k+1)} = \sum_{k=1}^{n} \left(\frac{1}{k} - \frac{1}{k+1} \right)$$
$$= \left(\frac{1}{1} - \frac{1}{2} \right) + \left(\frac{1}{2} - \frac{1}{3} \right) + \left(\frac{1}{3} - \frac{1}{4} \right) + \cdots$$
$$+ \left(\frac{1}{n-2} - \frac{1}{n-1} \right) + \left(\frac{1}{n-1} - \frac{1}{n} \right) + \left(\frac{1}{n} - \frac{1}{n+1} \right)$$

$\dagger$　$\square$ は証明の終わりを示す。

$$= 1 - \frac{1}{n+1} \tag{3.12}$$

式 (3.12) の両辺の極限をとると

$$S = \lim_{n \to \infty} S_n = \lim_{n \to \infty} \left(1 - \frac{1}{n+1} \right) = 1 \tag{3.13}$$

∴ 式 (3.9) は，1 に収束する。

（2） 式 (3.10) の第 n 項目 a_n が，必要条件を満足しているか調べる。

$$a_n = \frac{n}{n+1} = \frac{n+1-1}{n+1} = 1 - \frac{1}{n+1} \tag{3.14}$$

式 (3.14) の両辺の極限をとると

$$\lim_{n \to \infty} a_n = \lim_{n \to \infty} \left(1 - \frac{1}{n+1} \right) = 1 \tag{3.15}$$

∴ 式 (3.10) は，$a_n \neq 0$ なので性質 3 の式 (3.6) より発散する。

（3） 式 (3.11) の第 n 項目 a_n が，必要条件を満足しているか調べる。

$$a_n = \sqrt{n+1} - \sqrt{n} = \frac{\left(\sqrt{n+1} - \sqrt{n} \right) \left(\sqrt{n+1} + \sqrt{n} \right)}{\sqrt{n+1} + \sqrt{n}} = \frac{(n+1) - n}{\sqrt{n+1} + \sqrt{n}}$$

$$= \frac{1}{\sqrt{n+1} + \sqrt{n}} \longrightarrow 0 \quad (n \to \infty)$$

より，性質 3 の式 (3.5) の必要条件は満足している。式 (3.11) の第 n 部分和 S_n とすると

$$S_n = \sum_{k=1}^{n} \left(\sqrt{k+1} - \sqrt{k} \right)$$

$$= (\sqrt{2} - \sqrt{1}) + (\sqrt{3} - \sqrt{2}) + (\sqrt{4} - \sqrt{3}) + \cdots$$

$$+ (\sqrt{n} - \sqrt{n-1}) + (\sqrt{n+1} - \sqrt{n})$$

$$= -1 + \sqrt{n+1} \tag{3.16}$$

式 (3.16) の両辺の極限をとると

$$S = \lim_{n \to \infty} S_n = \lim_{n \to \infty} \left(-1 + \sqrt{n+1} \right) = \infty \tag{3.17}$$

∴ 式 (3.11) は ∞ に発散する。　　　　　　　　　　　　　　　◇

参考 3.1（未定係数法による部分分数分解） $a \neq b$ のとき，$\dfrac{c}{(x+a)(x+b)}$ を未定係数法（method of undetermined coefficients）を用いて部分分数分解（partial fraction decomposition）する方法を考える。

$$\frac{c}{(x+a)(x+b)} = \frac{A}{x+a} + \frac{B}{x+b} \tag{3.18}$$

$$\text{式 (3.18) 右辺} = \frac{A}{x+a} + \frac{B}{x+b} = \frac{A(x+b)+B(x+a)}{(x+a)(x+b)}$$

$$= \frac{(A+B)x + Ab + Ba}{(x+a)(x+b)} \tag{3.19}$$

　「式 (3.18) の左辺の分母 ＝ 式 (3.19) の右辺の分母」

となっている。これは，式 (3.18) の左辺のとりうるすべての x について

　「式 (3.18) の左辺の分子 ≡ 式 (3.19) の右辺の分子」

となる。したがって

　　式 (3.18) の左辺の分子 ≡ 式 (3.19) の右辺の分子

$$c \equiv (A+B)x + Ab + Ba \tag{3.20}$$

式 (3.20) の x の 1 次の係数を比較すると

　　　式 (3.20) 左辺 : $0 = A+B$: 右辺 \tag{3.21}

式 (3.20) の定数項を比較すると

　　　式 (3.20) 左辺 : $c = Ab + Ba$: 右辺 \tag{3.22}

式 (3.21), (3.22) の連立方程式を解くことによって A と B を求めると $a \neq b$ なので以下となる。

$$\begin{cases} A = \dfrac{c}{b-a} \\ B = \dfrac{-c}{b-a} \end{cases} \tag{3.23}$$

$$\therefore \quad \frac{c}{(x+a)(x+b)} = \frac{c}{b-a} \times \frac{1}{x+a} - \frac{c}{b-a} \times \frac{1}{x+b} \tag{3.24}$$

ここで，例題 3.1 (1) の部分分数分解を考える。

1)　両辺の係数を比較する方法

$$\frac{1}{k(k+1)} = \frac{A}{k} + \frac{B}{k+1} = \frac{A(k+1) + Bk}{k(k+1)}$$

$$= \frac{(A+B)k + A}{k(k+1)}$$

分子：$\underset{\sim}{0} \times k + \underline{1} \equiv \underline{(A+B)}k + \underline{A}$

$$\begin{cases} \underset{\sim}{0} = \underline{A+B} \\ \underline{1} = \underline{A} \end{cases} \quad \text{より，} \quad \begin{cases} A = 1 \\ B = -1 \end{cases}$$

2)　適当な数値を代入する方法

$$\frac{1}{k(k+1)} = \frac{A}{k} + \frac{B}{k+1} = \frac{A(k+1) + Bk}{k(k+1)}$$

$$1 \equiv A(k+1) + Bk$$

$$\begin{cases} k = 0 \quad \text{を代入} \quad A = 1 \\ k = -1 \quad \text{を代入} \quad B = -1 \end{cases}$$

3.2　正　項　級　数

級数 $\displaystyle\sum_{n=1}^{\infty} a_n$ のすべての項が負でない級数を**正項級数** (series of positive terms) という。

$$a_1, a_2, a_3, \cdots, a_n, \cdots \geqq 0 \tag{3.25}$$

正項級数 $\displaystyle\sum_{n=1}^{\infty} a_n$ は，第 n 部分和 S_n が n に関係ないある定数より小さいとき，しかもそのときに限り収束する。

定理 3.2 （正項級数の収束・発散に関する定理）

正項級数 $\displaystyle\sum_{n=1}^{\infty} a_n$ はその第 n 部分和 $S_n = \displaystyle\sum_{k=1}^{n} a_k$ とするとき以下となる。

$$S_n \text{ が上方に} \begin{cases} （1）\quad \text{有界} & \longrightarrow \quad \text{収束} & (3.26) \\[2mm] （2）\quad \text{有界でない} & \longrightarrow \quad \text{発散} & (3.27) \end{cases}$$

これらのことをまとめると，正項級数の性質に関するつぎの定理が得られる。

定理 3.3 （正項級数の性質）

性質 1 正項級数 $\displaystyle\sum_{n=1}^{\infty} a_n$ は振動しない。すなわち，収束するか無限大に発散（∞）するのみである。

性質 2 正項級数 $\displaystyle\sum_{n=1}^{\infty} a_n$ が収束するための必要十分条件は，第 n 部分和 S_n が有界であること。

性質 3 正項級数 $\displaystyle\sum_{n=1}^{\infty} a_n$ の項の順序を変更，あるいは括弧の挿入や削除を行っても，元の正項級数と同じ値に収束・発散する。

3.3　正項級数の収束判定法

正項級数が，収束するか発散するかはつぎの四つの方法により判定できる。

（1）　比較判定法（comparison test）

（2）　コーシーの判定法（Cauchy condensation test，root test）

（3）　ダランベールの判定法（d'Alembert's ratio test，ratio test）

（4）　積分判定法（integral test）

（1）の比較判定法は

有界な単調増加数列は収束する

を実数の公理とすることで証明なしで用いる†。そして，（2）から（4）の証明には，この比較判定法を用いる。これらの判定法の中で，べき級数の**収束半径**を計算する方法として，（2）は 4.2.1 項で，（3）は 4.2.2 項で用いられている。

3.3.1　比 較 判 定 法

正項級数の判定法の中で最も身近な**比較判定法**を説明する。

定理 3.4　（**比較判定法による収束・発散の判定**）　　二つの正項級数 $\displaystyle\sum_{n=1}^{\infty} a_n$, $\displaystyle\sum_{n=1}^{\infty} b_n$ において，ある番号 N より大きい n に対して，$a_n \leqq b_n$ であれば

$$
\begin{cases}
（1）\quad \displaystyle\sum_{n=1}^{\infty} b_n \text{ が収束すれば} \quad \displaystyle\sum_{n=1}^{\infty} a_n \text{ も収束する} & (3.28) \\[3mm]
（2）\quad \displaystyle\sum_{n=1}^{\infty} a_n \text{ が発散すれば} \quad \displaystyle\sum_{n=1}^{\infty} b_n \text{ も発散する} & (3.29)
\end{cases}
$$

となる。

例題 3.2　つぎの式で示す**調和級数**（harmonic series）の収束・発散を調べなさい。

$$
\sum_{n=1}^{\infty} \frac{1}{n} = 1 + \frac{1}{2} + \frac{1}{3} + \cdots + \frac{1}{n} + \cdots
$$

---

† 　実数の連続性に関する四つの基本的な定理にはデデキントの定理，ワイエルシュトラスの定理，区間縮小法，そしてこの有界な単調数列の収束がある。これらは同等なので，どれか一つからほかが導かれる[1]。このことから，本書では「有界な単調増加数列は収束する」を公理として用いる。

【解答】 与えられた級数の各項までの和の群に対して，より小さい数列の和が発散することを示して比較判定法を用いる。

2^0 :

$$第\ 2^0\ 項=第\ 1\ 項 \longrightarrow 1>\frac{1}{2}$$

2^1 :

$$第\ 2^1\ 項=第\ 2\ 項 \longrightarrow \frac{1}{2}=2^0\times\frac{1}{2^1}=\frac{1}{2}$$

2^2 :

$$\left.\begin{array}{l} 第\ (2^1+1)\ 項\sim第\ 2^2\ 項までの和 \\ 項総数=2^2-(2^1+1)+1=2^1\ 個 \end{array}\right\} \longrightarrow \frac{1}{3}+\frac{1}{4}>\frac{1}{4}+\frac{1}{4}=2\times\frac{1}{4}$$

$$=2^1\times\frac{1}{2^2}$$
$$=\frac{1}{2}$$

2^3 :

$$\left.\begin{array}{l} 第\ (2^2+1)\ 項\sim第\ 2^3\ 項までの和 \\ 項総数=2^3-(2^2+1)+1=2^2\ 個 \end{array}\right\} \longrightarrow \frac{1}{5}+\frac{1}{6}+\frac{1}{7}+\frac{1}{8}>\frac{1}{8}+\frac{1}{8}+\frac{1}{8}+\frac{1}{8}$$

$$=4\times\frac{1}{8}$$
$$=2^2\times\frac{1}{2^3}$$
$$=\frac{1}{2}$$

$$\left.\begin{array}{l} 第\ (2^3+1)\ 項\sim第\ 2^4\ 項までの和 \\ 項総数=2^4-(2^3+1)+1=2^3\ 個 \end{array}\right\}\downarrow$$

2^4 :

$$\overbrace{\frac{1}{9}+\frac{1}{10}+\frac{1}{11}+\frac{1}{12}+\frac{1}{13}+\frac{1}{14}+\frac{1}{15}+\frac{1}{16}}>8\times\frac{1}{16}=2^3\times\frac{1}{2^4}$$
$$=\frac{1}{2}$$

$$\left.\begin{array}{l} 第\ (2^{n-1}+1)\ 項\sim第\ 2^n\ 項までの和 \\ 項総数=2^n-(2^{n-1}+1)+1=2^{n-1}\ 個 \end{array}\right\}\downarrow$$

$\underset{\sim}{2^n}$:

$$\overbrace{\frac{1}{2^{n-1}+1}+\frac{1}{2^{n-1}+2}+\cdots+\frac{1}{2^{n-1}+(2^{n-1}-1)}+\underset{\underset{\underset{2^n}{\parallel}}{\underbrace{\phantom{\frac{1}{2}}}}}{\frac{1}{2^{n-1}+2^{n-1}}}}>2^{n-1}\times\frac{1}{\underset{\sim}{2^n}}=\frac{1}{2}$$

両辺の総和をとると

$$\underset{\sim}{S_{2^n}}>\frac{1}{2}\times(n+1)=\frac{n+1}{2}$$

$$\lim_{n\to\infty}\underset{\sim}{S_{2^n}}>\lim_{n\to\infty}\frac{n+1}{2}=\infty$$

∴   比較判定法式 (3.29) より，調和級数は発散する。   ◇

例題 3.3　$\displaystyle\sum_{n=1}^{\infty} \dfrac{n^2+1}{n^3+1}$ の収束・発散を調べなさい。

【解答】　第 n 項 $a_n = \dfrac{n^2+1}{n^3+1} > 0$（$n \geq 1$）は正項級数である。また

$$n^3 + 1 \leq n^3 + n = n(n^2 + 1)$$

となる。ここで，両辺の逆数をとると

$$\frac{1}{n^3+1} \geq \frac{1}{n(n^2+1)}$$

$$\frac{n^2+1}{n^3+1} \geq \frac{n^2+1}{n(n^2+1)} = \frac{1}{n} \tag{3.30}$$

式 (3.30) の右辺の級数は調和級数となり，例題 3.2 から調和級数は発散する。したがって，比較判定法の式 (3.29) より，式 (3.30) の左辺の級数も発散する。

$$\therefore \quad \sum_{n=1}^{\infty} \frac{n^2+1}{n^3+1} \text{ は発散する} \qquad\qquad \diamondsuit$$

3.3.2　コーシーの判定法

無限級数の収束を判定する方法に，**コーシーの判定法**がある。この方法は，n 項目 a_n の n 乗根（べき根）をとることで判定する。また，この方法の証明には，3.3.1 項の比較判定法が用いられている。

定理 3.5　（コーシーの判定法）　正項級数 $\displaystyle\sum_{n=1}^{\infty} a_n$ において $\displaystyle\lim_{n\to\infty} \sqrt[n]{a_n} = L$ とすると

$$\begin{cases} (1)\quad 0 \leq L < 1 \quad \longrightarrow \quad \displaystyle\sum_{n=1}^{\infty} a_n \text{ は収束する} & (3.31) \\[4mm] (2)\quad L > 1 \quad \longrightarrow \quad \displaystyle\sum_{n=1}^{\infty} a_n \text{ は発散する} & (3.32) \end{cases}$$

となる。$L = 1$ のときには，コーシーの判定法は適用できない。

証明

（1） $0 \leq L < 1$ のとき

ある番号 N を定めると，$\forall n > N$ に対して

$$0 \leq \sqrt[n]{a_n} < c < 1 \tag{3.33}$$

となる c がとれる。式 (3.33) の両辺を n 乗すると

$$\sqrt[n]{a_n} < c < 1 \xrightarrow{n \text{ 乗}} a_n < c^n < 1 \qquad (n \geq N+1) \tag{3.34}$$

となる。ここで，第 N 項までと第 n 項までの和をそれぞれ S_N および S_n とする。

$$S_n = \underline{a_1 + a_2 + \cdots + a_N} + a_{N+1} + a_{N+2} + \cdots + a_{n-1} + a_n$$

$$S_n = \underwave{S_N} + a_{N+1} + a_{N+2} + \cdots + a_{n-1} + a_n$$

$$S_n - \underwave{S_N} = a_{N+1} + a_{N+2} + \cdots + a_{n-1} + a_n \tag{3.35}$$

ここで，右辺の a_k（$N+1 \leq k \leq n$）に式 (3.34) の関係を代入

$$S_n - \underwave{S_N} < c^{N+1} + c^{N+2} + \cdots + c^{n-1} + c^n \quad \longleftarrow \quad \text{等比数列の和}$$

$$= \frac{1 - c^{n-N}}{1 - c} c^{N+1} \tag{3.36}$$

ここで，式 (3.36) の両辺の極限をとると

$$\lim_{n \to \infty} (S_n - \underwave{S_N}) < \lim_{n \to \infty} \left\{ \frac{1 - c^{n-N}}{1 - c} c^{N+1} \right\}$$

$$= c^{N+1} \lim_{n \to \infty} \left\{ \frac{1 - c^{n-N}}{1 - c} \right\}$$

$$= \frac{c^{N+1}}{1 - c} < +\infty \tag{3.37}$$

$$(\because \quad 0 < c < 1)$$

$$\therefore \sum_{n=1}^{\infty} a_n = \lim_{n \to \infty} S_n < \underwave{S_N} + \frac{c^{N+1}}{1 - c} < +\infty : \text{有界} \tag{3.38}$$

$$\left(\begin{array}{l} \because \quad \text{定理 3.1 の性質 2 より，級数に高々有限項の和 } S_N \text{ を} \\ \quad \text{足しても引いても元の無限級数の収束や発散には関係しない。} \end{array} \right)$$

式 (3.33) の極限をとると仮定の式となる。

$$i.e. \quad 0 \leqq L = \lim_{n \to \infty} \sqrt[n]{a_n} \leqq c < 1$$

式 (3.37) の左辺は $0 \leqq L < 1$ のとき比較判定法の式 (3.28) より

$$\therefore \quad \sum_{n=1}^{\infty} a_n \text{ は収束する}$$

（2） $L > 1$ のとき

ある番号 N を定めると，$\forall n > N$ に対して

$$\sqrt[n]{a_n} > d > 1 \tag{3.39}$$

なる d がとれる。式 (3.39) の両辺を n 乗すると

$$\sqrt[n]{a_n} > d > 1 \xrightarrow{n \text{ 乗}} a_n > d^n > 1 \qquad (n \geqq N+1) \tag{3.40}$$

となる。ここで，第 N 項までと第 n 項までの和をそれぞれ S_N および S_n とする。

$$S_n = \underbrace{a_1 + a_2 + \cdots + a_N}_{} + a_{N+1} + a_{N+2} + \cdots + a_{n-1} + a_n$$

$$S_n = \underline{S_N} + a_{N+1} + a_{N+2} + \cdots + a_{n-1} + a_n$$

$$S_n - \underline{S_N} = a_{N+1} + a_{N+2} + \cdots + a_{n-1} + a_n \tag{3.41}$$

ここで，右辺の a_k （$N+1 \leqq k \leqq n$）に式 (3.40) の関係を代入

$$S_n - \underline{S_N} > d^{N+1} + d^{N+2} + \cdots + d^{n-1} + d^n \quad \longleftarrow \quad \text{等比数列の和}$$

$$= \frac{1 - d^{n-N}}{1 - d} d^{N+1} \tag{3.42}$$

ここで，式 (3.42) の両辺の極限をとると，$d > 1$ より

$$\lim_{n \to \infty} (S_n - \underline{S_N}) > \lim_{n \to \infty} \left\{ \frac{1 - d^{n-N}}{1 - d} d^{N+1} \right\} = \infty \tag{3.43}$$

$$\therefore \quad \sum_{n=1}^{\infty} a_n = \lim_{n \to \infty} S_n > \underline{S_N} + d^{N+1} \lim_{n \to \infty} \frac{1 - d^{n-N}}{1 - d} = \infty \tag{3.44}$$

$$\left(\begin{array}{l} \because \quad \text{定理 3.1 の性質 2 より，級数に高々有限項の和 } S_N \text{ を} \\ \quad \text{足しても引いても元の無限級数の収束や発散には関係しない。} \end{array} \right)$$

式 (3.39) の極限をとると仮定の式となる。

$$i.e. \quad L = \lim_{n \to \infty} \sqrt[n]{a_n} \geqq d > 1$$

式 (3.43) の左辺は比較判定法の式 (3.29) より $L > 1$ のとき

$$\therefore \quad \sum_{n=1}^{\infty} a_n \text{ は発散する} \qquad\qquad\qquad \Box$$

なお，この収束判定の表現は，2.3.2 項の表現を用いると

$$\overline{\lim_{n \to \infty}} \sqrt[n]{a_n} = L \left\{ \begin{array}{ll} < 1 & \text{収束} \\ > 1 & \text{発散} \end{array} \right. \tag{3.45}$$

となる。

例題 3.4　つぎの級数の収束・発散を調べなさい。

$$(1) \quad \sum_{n=1}^{\infty} \left(\frac{n+1}{2n+3} \right)^n \tag{3.46}$$

$$(2) \quad \sum_{n=1}^{\infty} \left(1 + \frac{1}{n} \right)^{n^2} \tag{3.47}$$

【解答】

（1）　式 (3.46) より，第 n 項 a_n は

$$a_n = \left(\frac{n+1}{2n+3} \right)^n > 0 \qquad (n \geqq 1) \tag{3.48}$$

となり，正項級数である。収束判定にはコーシーの判定法が使える。式 (3.48) のべき根をとると

$$\sqrt[n]{a_n} = \sqrt[n]{\left(\frac{n+1}{2n+3} \right)^n} = \frac{n+1}{2n+3} = \frac{1 + \dfrac{1}{n}}{2 + \dfrac{3}{n}} \tag{3.49}$$

ここで，式 (3.49) の両辺の極限をとると

$$\lim_{n \to \infty} \sqrt[n]{a_n} = \lim_{n \to \infty} \frac{1 + \dfrac{1}{n}}{2 + \dfrac{3}{n}} = \frac{1}{2} = L < 1 \tag{3.50}$$

したがって，定理 3.5 の式 (3.31) より，式 (3.46) の無限級数は収束する。

（2）　式 (3.47) より，第 n 項 a_n は

$$a_n = \left(1 + \frac{1}{n} \right)^{n^2} > 0 \qquad (n \geqq 1) \tag{3.51}$$

となり，正項級数である。収束判定にはコーシーの判定法が使える。式 (3.51) の
べき根をとると

$$\sqrt[n]{a_n} = \sqrt[n]{\left(1 + \frac{1}{n}\right)^{n^2}} = \left(1 + \frac{1}{n}\right)^n \tag{3.52}$$

ここで，式 (3.52) の両辺の極限をとると

$$\lim_{n \to \infty} \sqrt[n]{a_n} = \lim_{n \to \infty} \left(1 + \frac{1}{n}\right)^n = e = L > 1 \tag{3.53}$$

したがって，定理 3.5 の式 (3.32) より，式 (3.47) の無限級数は発散する。　　◇

3.3.3　ダランベールの判定法

無限級数の収束を判定する方法に，**ダランベールの判定法**がある。この方法
は，連続する 2 項間の比をとることで判定する。また，この方法の証明は，コー
シーの判定法と同様にでき，3.3.1 項の比較判定法が用いられている。

定理 3.6　（ダランベールの判定法）　　正項級数 $\displaystyle\sum_{n=1}^{\infty} a_n$ において

$\displaystyle\lim_{n \to \infty} \frac{a_{n+1}}{a_n} = L$ とすると

$$\begin{cases} (1)\quad 0 \leqq L < 1 \quad \longrightarrow \quad \displaystyle\sum_{n=1}^{\infty} a_n \text{ は収束する} & (3.54) \\[4mm] (2)\quad L > 1 \quad\quad\ \longrightarrow \quad \displaystyle\sum_{n=1}^{\infty} a_n \text{ は発散する} & (3.55) \end{cases}$$

となる。$L = 1$ のときには，ダランベールの判定法は適用できない。

| 証明 |　(1)　$0 \leqq L < 1$ のとき
　　ある番号 N を定めると，$\forall n > N$ に対して

$$0 \leqq \frac{a_{n+1}}{a_n} < c < 1 \tag{3.56}$$

なる c がとれる。$n > N$ で式 (3.56) を満たすので

$$\frac{a_k}{a_{k-1}} < c \qquad (N+1 \le k \le n) \tag{3.57}$$

となる。つぎに，式 (3.57) の k が $N+1$ から n までの積を考えると

$$\frac{a_n}{a_{n-1}} \cdot \frac{a_{n-1}}{a_{n-2}} \cdot \frac{a_{n-2}}{a_{n-3}} \cdots \frac{a_{N+3}}{a_{N+2}} \cdot \frac{a_{N+2}}{a_{N+1}} < c \cdot c \cdot c \cdots c \cdot c = c^{n-(N+2)+1}$$

$$\frac{a_n}{a_{N+1}} < c^{n-(N+1)}$$

$$a_n < a_{N+1} c^{n-(N+1)} \tag{3.58}$$

式 (3.58) より

$$\left.\begin{array}{l} a_{N+2} < a_{N+1} c \\ a_{N+3} < a_{N+1} c^2 \\ \quad\vdots \\ a_n \quad < a_{N+1} c^{n-(N+1)} \end{array}\right\} \tag{3.59}$$

となるので，ここで，第 N 項までと第 n 項までの和をそれぞれ S_N および S_n とする。

$$S_n = \underset{\sim\sim\sim\sim\sim\sim\sim\sim}{a_1 + a_2 + \cdots + a_N} + a_{N+1} + a_{N+2} + \cdots + a_{n-1} + a_n$$

$$S_n = \underset{\sim}{S_N} + a_{N+1} + a_{N+2} + \cdots + a_{n-1} + a_n$$

$$S_n - \underset{\sim}{S_N} = a_{N+1} + a_{N+2} + \cdots + a_{n-1} + a_n \tag{3.60}$$

ここで，右辺の第 2 項以降に式 (3.59) の各右辺を逐次代入する。

$$S_n - \underset{\sim}{S_N} < a_{N+1} + a_{N+1} c + \cdots + a_{N+1} c^{n-2} + a_{N+1} c^{n-(N+1)}$$

$$= \frac{1 - c^{n-N}}{1 - c} a_{N+1} \quad (\uparrow \text{公比 } c \text{ の等比数列の和}) \tag{3.61}$$

ここで，式 (3.61) の両辺の極限をとると

$$\lim_{n \to \infty} (S_n - \underset{\sim}{S_N}) < \lim_{n \to \infty} \left\{ \frac{1 - c^{n-N}}{1 - c} a_{N+1} \right\}$$

$$= a_{N+1} \lim_{n \to \infty} \left\{ \frac{1 - c^{n-N}}{1 - c} \right\}$$

$$= \frac{a_{N+1}}{1 - c} < +\infty \tag{3.62}$$

$$(\because \quad 0 < c < 1)$$

$$\therefore \quad \sum_{n=1}^{\infty} a_n = \lim_{n \to \infty} S_n < \underset{\sim\sim\sim}{S_N} + \frac{a_{N+1}}{1-c} < +\infty : \text{有界} \tag{3.63}$$

$$\left(\begin{array}{l} \because \quad \text{定理 3.1 の性質 2 より，級数に高々有限項の和 } S_N \text{ を} \\ \qquad \text{足しても引いても元の無限級数の収束や発散には関係しない。} \end{array} \right)$$

式 (3.56) の極限をとると仮定の式となる。

$$i.e. \quad 0 \leqq L = \lim_{n \to \infty} \frac{a_{n+1}}{a_n} \leqq c < 1 \tag{3.64}$$

したがって，$L < 1$ のとき

$$\therefore \quad \sum_{n=1}^{\infty} a_n \text{ は収束する}$$

（2） $L > 1$ のとき

ある番号 N を定めると，$\forall n > N$ に対して

$$\frac{a_{n+1}}{a_n} > d > 1 \tag{3.65}$$

なる d がとれる。$n > N$ で式 (3.65) を満たすので

$$\frac{a_k}{a_{k-1}} > d \qquad (N+2 \leqq k \leqq n) \tag{3.66}$$

となる。つぎに，式 (3.66) の k が $N+2$ から n までの積を考えると

$$\frac{a_n}{a_{n-1}} \cdot \frac{a_{n-1}}{a_{n-2}} \cdot \frac{a_{n-2}}{a_{n-3}} \cdots \frac{a_{N+3}}{a_{N+2}} \cdot \frac{a_{N+2}}{a_{N+1}} > d \cdot d \cdot d \cdots d \cdot d = d^{n-(N+2)+1}$$

$$\frac{a_n}{a_{N+1}} > d^{n-(N+1)}$$

$$a_n > a_{N+1} d^{n-(N+1)} \tag{3.67}$$

式 (3.67) より

$$\left. \begin{array}{l} a_{N+2} > a_{N+1} d \\ a_{N+3} > a_{N+1} d^2 \\ \qquad \vdots \\ a_n \quad > a_{N+1} d^{n-(N+1)} \end{array} \right\} \tag{3.68}$$

となるので，ここで，第 N 項までと第 n 項までの和をそれぞれ S_N および S_n とする。

$$S_n = \underline{a_1 + a_2 + \cdots + a_N} + a_{N+1} + a_{N+2} + \cdots + a_{n-1} + a_n$$

$$S_n = \underset{\sim}{S_N} + a_{N+1} + a_{N+2} + \cdots + a_{n-1} + a_n$$

$$S_n - \underset{\sim}{S_N} = a_{N+1} + a_{N+2} + \cdots + a_{n-1} + a_n \tag{3.69}$$

ここで，右辺の第 2 項以降に式 (3.68) の各右辺を逐次代入する。

$$S_n - \underset{\sim}{S_N} > a_{N+1} + a_{N+1}d + \cdots + a_{N+1}d^{\,n-2} + a_{N+1}d^{\,n-(N+1)}$$

$$= \frac{1 - d^{\,n-N}}{1 - d} a_{N+1} \tag{3.70}$$

ここで，式 (3.70) の両辺の極限をとると，$d > 1$ より

$$\lim_{n \to \infty} (S_n - \underset{\sim}{S_N}) > \lim_{n \to \infty} \left\{ \frac{1 - d^{\,n-N}}{1 - d} a_{N+1} \right\}$$

$$= a_{N+1} \lim_{n \to \infty} \left\{ \frac{1 - d^{\,n-N}}{1 - d} \right\} = \infty \tag{3.71}$$

$$\therefore \sum_{n=1}^{\infty} a_n = \lim_{n \to \infty} S_n > \underset{\sim}{S_N} + d^{N+1} \lim_{n \to \infty} \frac{1 - d^{\,n-N}}{1 - d} = \infty \tag{3.72}$$

$$\left(\begin{array}{l} \because \quad \text{定理 3.1 の性質 2 より，級数に高々有限項の和 } S_N \text{ を} \\ \quad\;\; \text{足しても引いても元の無限級数の収束や発散には関係しない。} \end{array} \right)$$

式 (3.65) の極限をとると仮定の式となる。

$$i.e. \quad L = \lim_{n \to \infty} \frac{a_{n+1}}{a_n} \geqq d > 1$$

したがって，$L > 1$ のとき

$$\therefore \sum_{n=1}^{\infty} a_n \text{ は発散する} \qquad\qquad\qquad \square$$

なお，この収束判定の表現は，2.3.2 項の表現を用いると

$$\begin{cases} \varlimsup_{n \to \infty} \dfrac{a_{n+1}}{a_n} = L < 1 \quad \longrightarrow \quad \text{収束} & (3.73) \\[3mm] \varliminf_{n \to \infty} \dfrac{a_{n+1}}{a_n} = L > 1 \quad \longrightarrow \quad \text{発散} & (3.74) \end{cases}$$

となる。

※注意：定理 **3.5** のコーシーの判定法と定理 **3.6** のダランベールの判定法は，$L = 1$ のとき用いることはできない。

例題 3.5 つぎの級数の収束・発散を調べなさい。

$$（1）\quad \sum_{n=1}^{\infty} \frac{1}{n!} \tag{3.75}$$

$$（2）\quad \sum_{n=1}^{\infty} \frac{n!}{4^n} \tag{3.76}$$

【解答】

（1） 式 (3.75) より，第 n 項 a_n は

$$a_n = \frac{1}{n!} > 0 \qquad (n \geqq 1) \tag{3.77}$$

となり，正項級数である。ダランベールの判定法を用いるため，式 (3.77) より

$$\frac{a_{n+1}}{a_n} = \frac{\dfrac{1}{(n+1)!}}{\dfrac{1}{n!}} = \frac{n!}{(n+1)!} = \frac{n!}{(n+1)n!} = \frac{1}{n+1} \tag{3.78}$$

式 (3.78) の両辺の極限をとると

$$\lim_{n \to \infty} \frac{a_{n+1}}{a_n} = \lim_{n \to \infty} \frac{1}{n+1} = 0 = L < 1 \tag{3.79}$$

したがって，定理 3.6 の式 (3.54) より，式 (3.75) の無限級数は収束する。

（2） 式 (3.76) より，第 n 項 a_n は

$$a_n = \frac{n!}{4^n} > 0 \qquad (n \geqq 1) \tag{3.80}$$

となり，正項級数である。ダランベールの判定法を用いるため，式 (3.80) より

$$\frac{a_{n+1}}{a_n} = \frac{\dfrac{(n+1)!}{4^{n+1}}}{\dfrac{n!}{4^n}} = \frac{(n+1)!4^n}{n!4^{n+1}} = \frac{(n+1)n!4^n}{n!4 \cdot 4^n} = \frac{n+1}{4} \tag{3.81}$$

式 (3.81) の両辺の極限をとると

$$\lim_{n \to \infty} \frac{a_{n+1}}{a_n} = \frac{n+1}{4} = \infty = L > 1 \tag{3.82}$$

したがって，定理 3.6 の式 (3.55) より，式 (3.76) の無限級数は発散する。　　◇

3.3.4 積 分 判 定 法

（**1**） **広 義 積 分**   積分判定法の前に，積分の定義を拡張する概念について述べる。有限区間で有界な関数についての積分は高校数学で学んだ。しかし，積分区間 $[a, b]$，あるいは**被積分関数** (integrand) $f(x)$ が有界でない場合は，どうなるのであろうか。被積分関数 $f(x)$ が $x = a$ で**特異点** (singular point)[†] をもつ場合

$$\lim_{\varepsilon \to +0} \int_{a+\varepsilon}^{b} f(x)dx \tag{3.83}$$

式 (3.83) を $\int_{a}^{b} f(x)dx$ と定義する。同様に，$f(x)$ が $x = b$ で特異点をもつ場合

$$\lim_{\delta \to +0} \int_{a}^{b-\delta} f(x)dx \tag{3.84}$$

式 (3.84) を $\int_{a}^{b} f(x)dx$ と定義する。そして，$x = a$ と b 両方が特異点の場合

$$\lim_{\substack{\varepsilon \to +0 \\ \delta \to +0}} \int_{a+\varepsilon}^{b-\delta} f(x)dx \tag{3.85}$$

式 (3.85) を $\int_{a}^{b} f(x)dx$ と定義する。このように特異点をもつ場合でも積分の定義を拡張して

$$\int_{a}^{b} f(x)dx \tag{3.86}$$

式 (3.86) を，$f(x)$ の**広義積分** (improper integral) として定義されている。式 (3.86) が，有限の極限値をもてば，広義積分は収束するといい，存在しないときには広義積分は発散するという。すなわち

$$\text{式 (3.86) が} \begin{cases} \text{有限の極限値をもつ} & \longrightarrow \quad \text{広義積分は収束} \\ \text{有限の極限値が存在しない} & \longrightarrow \quad \text{広義積分は発散} \end{cases}$$

という。

[†] ここでは，特異点を発散あるいは定義されていない状態を表すとする。

（2） 無限区間積分　　広義積分のうち，積分区間 $[a, b]$ が有界でない（$a = -\infty$ や $b = \infty$ の状態）を考察する。

区間 $[a, b]$ で $f(x)$ が積分可能なとき，もし $a \longrightarrow -\infty$ のとき極限をもてば $\displaystyle\int_{-\infty}^{b} f(x)dx$ として定義する。すなわち

$$\int_{-\infty}^{b} f(x)dx = \lim_{a \to -\infty} \int_{a}^{b} f(x)dx \tag{3.87}$$

とする。同様に

$$\int_{a}^{\infty} f(x)dx = \lim_{b \to \infty} \int_{a}^{b} f(x)dx \tag{3.88}$$

そして

$$\int_{-\infty}^{\infty} f(x)dx = \lim_{\substack{a \to -\infty \\ b \to \infty}} \int_{a}^{b} f(x)dx \tag{3.89}$$

とする。すなわち

$$\int_{-\infty}^{b} f(x)dx \ , \ \int_{a}^{\infty} f(x)dx \ , \ \int_{-\infty}^{\infty} f(x)dx \tag{3.90}$$

を，特に，**無限区間積分**（infinite interval integral）と呼ぶ。

さて，積分判定法で用いられている

$$\int_{a}^{\infty} f(x)dx$$

について補足をしておく。$f(x)$ の一つの**原始関数**（primitive function）を $F(x)$ とする。

$$F'(x) = f(x)$$

$$\int_{a}^{\infty} f(x)dx = \lim_{b \to \infty} \int_{a}^{b} f(x)dx$$

$$= \lim_{b \to \infty} \left[F(x) \right]_{a}^{b} \quad (= \left[F(x) \right]_{a}^{\infty} \ と表す)$$

$$= \lim_{b \to \infty} F(b) - F(a)$$

（3） 積分判定法　　**積分判定法**は，無限級数が正項級数でありかつ $\{a_n\}$ が単調減少のときに，用いることができる判定法である。

定理 3.7　（**積分判定法**）　　$f(x)$ は $x \geq 1$ で連続な正の広義の単調減少関数[†]

$$1 \leq x_1 < x_2 \longrightarrow f(x_1) \geq f(x_2) > 0$$

とする。$a_n = f(n)\ (n \in \mathbb{N})$ のとき以下となる。

$$
\begin{cases}
（1）\quad \displaystyle\int_1^\infty f(x)dx < +\infty \quad （有界）\quad \longrightarrow \quad \displaystyle\sum_{n=1}^\infty a_n\ \text{は収束する} \\
\hfill (3.91) \\
（2）\quad \displaystyle\int_1^\infty f(x)dx = \infty \quad （発散）\quad \longrightarrow \quad \displaystyle\sum_{n=1}^\infty a_n\ \text{は発散する} \\
\hfill (3.92)
\end{cases}
$$

証明　与えられた条件より，$x \geq 1$ で $f(x) > 0$ である。$\forall n \in \mathbb{N}$ について

$$a_n = f(n)\ \text{からできる級数}\ \sum_{n=1}^\infty a_n\ \text{は正項級数である。}$$

ここで，部分和 S_n

$$S_n = \sum_{k=1}^n a_k$$

とおく。与えられた条件

$$f(x)\ \text{は}\ x \geq 1\ \text{で連続な正の単調減少関数}$$

より，下記の定積分が定義できる。

$$\int_1^n f(x)dx$$

[†]　広義の単調減少関数とは，x が増加しても $f(x)$ は増加しないで，等しいか減少しているということである。

（1）　広義積分（無限区間積分）$\displaystyle\int_1^\infty f(x)dx < +\infty$：有限の極限値へ収束する場合

級数の第 n 部分和：

$$\underset{\sim}{S_n} = \sum_{k=1}^n a_k = \sum_{k=1}^n f(k) = \underline{\underline{図\,\textbf{3.1}\,(\text{a})\,の斜線の短冊部分の面積}}$$

となるので

$$\underset{\sim}{S_n} - a_1 \leq \int_1^n f(x)dx \qquad (n \geq 1)$$

$$\underset{\sim}{S_n} \qquad \leq a_1 + \int_1^n f(x)dx < a_1 + \int_1^\infty f(x)dx$$

$$< +\infty \quad (\because\,式\,(3.91)\,の仮定より)$$

となる。

$\therefore$　部分和が上に有界なので，$\displaystyle\sum_{n=1}^\infty a_n$ は収束する。

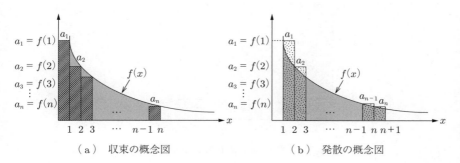

（a）　収束の概念図　　　　　　　（b）　発散の概念図

図 **3.1**　積分判定法

（2）　広義積分（無限区間積分）$\displaystyle\int_1^\infty f(x)dx = +\infty$：発散する場合

級数の第 n 部分和：

$$\underline{\underline{S_n}} = \sum_{k=1}^n a_n = \sum_{k=1}^n f(k) = \underline{\underline{図\,3.1(\text{b})\,のドットの短冊部分の面積}}$$

となるので

$$\underline{\underline{S_n}} \geqq \int_1^{n+1} f(x)dx > \int_1^n f(x)dx$$

ここで，$\forall L \in \mathbb{R}$ に対して，$\exists N\,(\geqq 1) \in \mathbb{N}$ が存在して（定義 2.2 を参照）

$$S_N \geqq \int_1^N f(x)dx > L$$

となる。

$\therefore$　部分和が上に有界でないので，$\displaystyle\sum_{n=1}^{\infty} a_n$ は発散する。

$$\left(\because\ \lim_{n\to\infty} \underline{\underline{S_n}} \geqq \lim_{n\to\infty}\int_1^{n+1} f(x)dx \geqq \lim_{n\to\infty}\int_1^n f(x)dx = \right.$$

$$\left.\int_1^{\infty} f(x)dx = \infty\right) \qquad\qquad\qquad \square$$

ここで，積分判定法の収束と発散の両方合わせた概念図を図 **3.2** に示す。

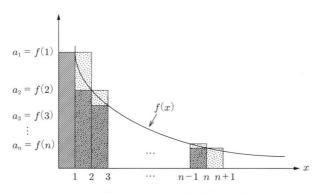

図 3.2　積分判定法の収束と発散の概念図

例題 3.6　つぎの級数の収束・発散を調べなさい。

$(1)\ \displaystyle\sum_{n=1}^{\infty} \frac{1}{n^2} \qquad\qquad\qquad\qquad\qquad\qquad (3.93)$

$(2)\ \displaystyle\sum_{n=1}^{\infty} \frac{n}{n^2+2} \qquad\qquad\qquad\qquad\qquad (3.94)$

【解答】

（1） 式 (3.93) より，第 n 項 a_n は

$$a_n = \frac{1}{n^2} > 0 \qquad (n \geq 1) \tag{3.95}$$

となり，式 (3.93) は正項級数である。ここで，$a_n = f(n)$ とすると

$$f(x) = \frac{1}{x^2} \qquad (x \geq 1) \tag{3.96}$$

となる。式 (3.96) は $x \geq 1$ で単調減少関数となっている。以上より，積分判定法が使える。

$$\int_1^\infty f(x)dx = \int_1^\infty \frac{1}{x^2}dx = \left[-\frac{1}{x}\right]_1^\infty = -0 - (-1) = 1 < +\infty \tag{3.97}$$

したがって，定理 3.7 の式 (3.91) より，式 (3.93) の無限級数も収束する。

（2） 式 (3.94) より，第 n 項 a_n は

$$a_n = \frac{n}{n^2 + 2} > 0 \qquad (n \geq 1) \tag{3.98}$$

となり，式 (3.94) は正項級数である。ここで，$a_n = f(n)$ とすると

$$f(x) = \frac{x}{x^2 + 2} \qquad (x \geq 1) \tag{3.99}$$

となる。ここで，式 (3.99) の増減を調べるために微分すると

$$f'(x) = \frac{x^2 + 2 - 2x^2}{(x^2 + 2)^2} = \frac{2 - x^2}{(x^2 + 2)^2} < 0 \qquad (x \geq 2) \tag{3.100}$$

また

$$f(1) = f(2) = \frac{1}{3}$$

となる。式 (3.99) は $x \geq 2$ で単調減少関数となっている。以上より，$x \geq 2$ で積分判定法が使える。

$$f(1) + \int_2^\infty \frac{x}{x^2 + 2}dx = f(1) + \frac{1}{2}\left[\log(x^2 + 2)\right]_2^\infty = \infty \tag{3.101}$$

したがって，定理 3.7 の式 (3.92) より，式 (3.94) の無限級数も発散する。　　◇

3.4 絶対収束と条件収束

前節まで，正項級数とその収束判定法について学んだ。本節では，項が交互に正負となる**交項級数**（alternating series）と，**絶対収束**（absolute convergence）と**条件収束**（conditional convergence）について説明する。

3.4.1 交項級数（交代級数）

項が交互に正負となる級数，すなわち $a_n > 0$（$n = 1, 2, \cdots$）のとき級数

$$\sum_{n=1}^{\infty} (-1)^{n-1} a_n \tag{3.102}$$

を**交項級数** [†] という。式 (3.102) で表される交項級数の収束は，数列 $\{a_n\}$ が単調減少数列のときには，**ライプニッツの定理**（Leibniz's theorem）で判定できる。

定理 3.8　（ライプニッツの定理）

$$\left.\begin{array}{l} \{a_n\} \text{ が単調減少数列：} \quad a_n \geqq a_{n+1} \\[2mm] \displaystyle\lim_{n\to\infty} a_n = 0 \end{array}\right\} \tag{3.103}$$

$$\longrightarrow \text{交項級数：} \sum_{n=1}^{\infty} (-1)^{n-1} a_n \text{ は収束する} \tag{3.104}$$

証明　交項級数の第 n 項までの和を S_n とすると

$$S_n = a_1 - a_2 + a_3 - a_4 + \cdots + (-1)^{n-1} a_n \tag{3.105}$$

と表される。ここで，定理 3.8 の仮定である条件式 (3.103) の $a_n \geqq a_{n+1}$ より，$n = 2m$ 項までの偶数項の和 S_{2m} は

$$S_{2m} = a_1 - (a_2 - a_3) - (a_4 - a_5) - \cdots$$

[†]　**交代級数**（alternating series）ともいう。

$$-(a_{2m-2} - a_{2m-1}) - a_{2m} \leqq a_1 \tag{3.106}$$

$$\therefore \quad -(a_{2k-2} - a_{2k-1}) \leqq 0 \qquad (k = 2, 3, \ldots, m \ \wedge \ -a_{2m} < 0) \tag{3.107}$$

となる。つぎに，$n = 2m + 2$ 項までの偶数項の和 S_{2m+2} と，一つ前の $n = 2m$ までの偶数項の和 S_{2m} の関係を調べる。

$$S_{2m+2} = (a_1 - a_2 + a_3 - \cdots - a_{2m}) + a_{2m+1} - a_{2m+2}$$

$$S_{2m+2} - S_{2m} = a_{2m+1} - a_{2m+2} \geqq 0 \tag{3.108}$$

式 (3.106) と式 (3.108) より

$$\therefore \quad a_1 \geqq S_{2m+2} \geqq S_{2m} \tag{3.109}$$

となり，偶数項目までの和の数列 $\{S_{2m}\}$ は，単調増加数列であり上に有界となっている。3.3 節に述べたように**有界な単調増加数列は収束する**ことを本書では公理と認めているので，$\{S_{2m}\}$ は収束しその値を S とする。

$$\lim_{m \to \infty} S_{2m} = S \tag{3.110}$$

$n = 2m + 1$ 項までの奇数項の和 S_{2m+1} は

$$S_{2m+1} = S_{2m} + a_{2m+1} \tag{3.111}$$

となる。両辺の極限をとり，定理 3.8 の仮定である条件式 (3.103) の $\lim\limits_{m \to \infty} a_{2m+1} = 0$ より

$$\lim_{m \to \infty} S_{2m+1} = \lim_{m \to \infty} (S_{2m} + a_{2m+1})$$

$$= \lim_{m \to \infty} S_{2m} + \lim_{m \to \infty} a_{2m+1} = S \tag{3.112}$$

したがって，偶数項までの和も奇数項までの和も同じ値 S に収束するので，交項級数

$$\therefore \quad \sum_{n=1}^{\infty} (-1)^{n-1} a_n \ \text{は収束する。} \qquad\qquad \square$$

では，この証明をもう少し詳しく調べてみる。$n = 2m$ 項の偶数項までの和 S_{2m+1} と $n = 2m + 1$ 項の奇数項までの和 S_{2m+1} との関係を調べる。

$$S_{2m} = a_1 - (a_2 - a_3) - (a_4 - a_5) - \cdots$$

$$-(a_{2m-2} - a_{2m-1}) - a_{2m} \leqq a_1$$

$$S_{2m+1} = a_1 - (a_2 - a_3) - (a_4 - a_5) - \cdots$$

$$- (a_{2m-2} - a_{2m-1}) - (a_{2m} - a_{2m+1}) \leqq a_1 \qquad (3.113)$$

および式 (3.113) から偶数項目までの和も奇数項目までの和も a_1 を超えない．

$$a_1 \geqq S_n \qquad (3.114)$$

したがって，$\{S_n\}$ は上に有界である．式 (3.113) から

$$S_{2m+1} = S_{2m} + a_{2m+1} \qquad (3.115)$$

$$S_{2m+1} - S_{2m} = a_{2m+1} > 0$$

$$\therefore \quad S_{2m+1} > S_{2m} \qquad (3.116)$$

つぎに，$n = 2m + 1$ 項まで奇数項の和 S_{2m+1} と，一つ前の $n = 2m - 1$ までの奇数項の和 S_{2m-1} の関係を調べる．

$$S_{2m+1} = (a_1 - a_2 + a_3 - \cdots + a_{2m-1}) - a_{2m} + a_{2m+1}$$

$$S_{2m+1} - S_{2m-1} = -a_{2m} + a_{2m+1} \leqq 0 \qquad (3.117)$$

$$\therefore \quad S_{2m+1} \leqq S_{2m-1} \leqq a_1 \qquad (3.118)$$

となり，奇数項目までの和は単調減少数列となっている．式 (3.115) より，$S_{2m} < S_{2m+1}$ となっていたので，奇数項までの和 $S_{2m+1} = l_m$，偶数項までの和 $S_{2m} = m_m$ と置いてみる．式 (3.109) より，偶数項は単調増加数列である．すると $n \geqq 2m$ を満たす n について $a_1 - a_2 \leqq m_{m-1} \leqq m_m \leqq S_n \leqq l_m \leqq l_{m-1} \leqq a_1$ となる．$\{S_n\}$ が有界な場合，$\{l_n\}$ と $\{m_n\}$ はやはり単調な有界な数列となり，収束する．その収束値をそれぞれ λ，μ とする．

$$\lim_{n \to \infty} l_n = \lambda$$

$$\lim_{n \to \infty} m_n = \mu$$

なお，この数列 $\{S_n\}$ は，2.3.2 項の上極限と下極限の一例となっている．

3.4.2 絶 対 収 束

数列 $\{a_n\}$ の第 n 項の絶対値 $|a_n|$ の無限和により生成される無限級数 $\displaystyle\sum_{n=1}^{\infty}|a_n|$ には，つぎの定義と定理がある。

定義 3.1 （絶対収束）

(1) $\displaystyle\sum_{n=1}^{\infty}|a_n|$ が収束するとき

$$級数\ \sum_{n=1}^{\infty} a_n\ は絶対収束 \tag{3.119}$$

するという。

(2) $\displaystyle\sum_{n=1}^{\infty} a_n$ は収束するが，級数 $\displaystyle\sum_{n=1}^{\infty}|a_n|$ が発散するとき

$$級数\ \sum_{n=1}^{\infty} a_n\ は条件収束 \tag{3.120}$$

するという。

定理 3.9 （絶対収束と条件収束）　　絶対収束する級数は収束する。当然，条件収束もする。

一方，絶対収束しない級数は

$$\left\{ \begin{array}{l} 条件収束する場合 \\ 条件収束もしない場合 \end{array} \right.$$

に分けられる。

例題 3.7 つぎの級数の収束・発散を調べなさい。

$$(1) \sum_{n=1}^{\infty} (-1)^{n-1} \left(\frac{1}{2} \right)^n \tag{3.121}$$

$$(2) \sum_{n=1}^{\infty} (-1)^{n-1} \frac{1}{n} \tag{3.122}$$

【解答】

（1） 式 (3.121) より，第 n 項 a_n は

$$a_n = (-1)^{n-1} \left(\frac{1}{2} \right)^n \tag{3.123}$$

である。絶対収束を考えるため，式 (3.123) の絶対値をとった級数を考える。

$$|a_n| = \left(\frac{1}{2} \right)^n \tag{3.124}$$

$$\sum_{n=1}^{\infty} |a_n| = \sum_{n=1}^{\infty} \left(\frac{1}{2} \right)^n \tag{3.125}$$

の部分和 S_n を考える。

$$S_n = \sum_{k=1}^{n} \left(\frac{1}{2} \right)^k = \frac{1 - \left(\frac{1}{2} \right)^n}{1 - \frac{1}{2}} \cdot \frac{1}{2} = 1 - \left(\frac{1}{2} \right)^n \tag{3.126}$$

となる。両辺の極限をとると

$$\lim_{n \to \infty} S_n = \lim_{n \to \infty} \left\{ 1 - \left(\frac{1}{2} \right)^n \right\} = 1 < +\infty \tag{3.127}$$

となる。したがって，S_n が収束するので，定義 3.1 の式 (3.119) より，式 (3.121) は絶対収束する。当然，条件収束もしていることになる。

（2） 式 (3.122) より，第 n 項 a_n は

$$a_n = (-1)^{n-1} \frac{1}{n} \tag{3.128}$$

である。絶対収束を考えるため，式 (3.128) の絶対値をとった級数を考える。

$$|a_n| = \frac{1}{n} \tag{3.129}$$

$$\sum_{n=1}^{\infty} |a_n| = \sum_{n=1}^{\infty} \frac{1}{n} \tag{3.130}$$

式 (3.130) は調和級数で発散する。したがって，式 (3.122) は絶対収束しない。つぎに，式 (3.122) の収束を調べる。式 (3.128) の絶対値をとり 2 項間の関係を調べる。

$$|a_{n+1}| - |a_n| = \frac{1}{n+1} - \frac{1}{n} < 0$$

$$\therefore \quad |a_{n+1}| < |a_n| \tag{3.131}$$

式 (3.131) より，単調減少数列である。また，$|a_n|$ の極限をとると

$$\lim_{n \to \infty} |a_n| = \lim_{n \to \infty} \frac{1}{n} = 0 \tag{3.132}$$

となる。ライプニッツの定理により交項級数は収束する。定義 3.1 の式 (3.120) より

$$\therefore \quad \text{式 (3.122) は絶対収束はしないが条件収束する。} \qquad \diamondsuit$$

参考 3.2　（例題 3.7(1) をライプニッツの定理を用いて調べてみる）　式 (3.123) の絶対値をとり 2 項間の関係を調べる。

$$|a_{n+1}| - |a_n| = \left(\frac{1}{2}\right)^{n+1} - \left(\frac{1}{2}\right)^n$$

$$= \left(\frac{1}{2}\right)^n \cdot \left(-\frac{1}{2}\right) < 0$$

$$\therefore \quad |a_{n+1}| < |a_n| \tag{3.133}$$

式 (3.133) より，単調減少数列である。また，$|a_n|$ の極限をとると

$$\lim_{n \to \infty} |a_n| = 0 \tag{3.134}$$

したがって，ライプニッツの定理により交項級数式 (3.121) は収束する。

章 末 問 題

【1】 数列 $\{a_n\}$ による，つぎの無限級数の第 n 部分和 S_n を求め，収束・発散を判定せよ。収束するときには，その和を求めなさい。

(1) $\displaystyle\sum_{n=1}^{\infty} \frac{n}{(n+1)!}$ (3.135)

(2) $\displaystyle\sum_{n=2}^{\infty} \frac{1}{n^2-1}$ (3.136)

(3) $\displaystyle\sum_{n=2}^{\infty} \frac{2}{\sqrt{n^2-1}\left(\sqrt{n+1}+\sqrt{n-1}\right)}$ (3.137)

(4) $\displaystyle\sum_{n=3}^{\infty} \frac{1}{n^2-n-2}$ (3.138)

※ヒント：(1) a_n を分母が $n!$ の項と $(n+1)!$ の項に分ける。

    (2) a_n の分母を因数分解してから部分分数分解。

    (3) a_n の分母に $(a+b)(a-b)=a^2-b^2$ を適用し，$\sqrt{}$ を外す。

    ── いずれも S_n の各項間で足して 0 になる項を消せる。

【2】 $\forall x \in \mathbb{R}$ のとき，つぎの無限級数が収束するか発散するかを x の範囲を考慮することで求めなさい。収束するときには，その和も求めなさい。

(1) $S = 2 - x + \dfrac{x^2}{2} - \dfrac{x^3}{4} + \cdots$ (3.139)

(2) $S = x + x(1-x)^2 + x(1-x)^4 + x(1-x)^6 + \cdots$ (3.140)

※ヒント：無限等比級数の第 n 部分和を考える。

【3】 つぎの無限級数が収束するか発散するかを，比較判定法を用いて示しなさい。ただし，調和級数 $\displaystyle\sum_{n=1}^{\infty} \frac{1}{n}$ は発散することを用いてもよい。

(1) $S = \displaystyle\sum_{n=1}^{\infty} \frac{1}{n2^n}$ (3.141)

(2) $S = \displaystyle\sum_{n=1}^{\infty} \frac{1}{n^2}$ (3.142)

(3) $S = \displaystyle\sum_{n=2}^{\infty} \frac{1}{\log n}$ (3.143)

※ヒント：(1) $n \geqq 2$ のとき，$n2^n > 2^n$
　　　　(2) $n^2 > n(n-1)$
　　　　(3) $n > \log n$

【4】 つぎの無限級数が収束するか発散するかを，コーシーの判定法を用いて示しなさい。

(1) $\displaystyle\sum_{n=1}^{\infty} \frac{1}{n^n}$ (3.144)

(2) $\displaystyle\sum_{n=1}^{\infty} \left(1 + \frac{a}{n}\right)^{n^2}$ $\quad (a \in \mathbb{R})$ (3.145)

※ヒント：参考 2.4 $\displaystyle\lim_{n \to \infty} \left(1 + \frac{1}{n}\right)^n = e$：自然対数の底を用いる

【5】 つぎの無限級数が収束するか発散するかを，ダランベールの判定法を用いて示しなさい。

(1) $\displaystyle\sum_{n=1}^{\infty} \frac{n^n}{n!}$ (3.146)

(2) $\displaystyle\sum_{n=1}^{\infty} \frac{n^2}{n!}$ (3.147)

(3) $\displaystyle\sum_{n=1}^{\infty} na^{n-1}$ $\quad (a \geqq 0)$ (3.148)

【6】 つぎの無限級数が収束するか発散するかを，積分判定法を用いて示しなさい。

(1) $\displaystyle\sum_{n=2}^{\infty} \frac{1}{n \log n}$ (3.149)

(2) $\displaystyle\sum_{n=1}^{\infty} \frac{1}{n^\alpha}$ $\quad (\alpha > 0$：汎調和級数（$\alpha = 1$ のとき調和級数）) (3.150)

【7】 つぎの無限級数が収束するか発散するかを調べなさい。

$$\sum_{n=2}^{\infty} \frac{1}{(\log n)^n}$$ (3.151)

【8】 つぎの交項級数の収束と絶対収束を判定しなさい。

(1) $\displaystyle\sum_{n=1}^{\infty} (-1)^{n-1} \frac{n}{n^2 + 2}$ (3.152)

(2) $\displaystyle\sum_{n=1}^{\infty} (-1)^{n-1} \frac{n^2}{n^2 + 1}$ (3.153)

4 | べ き 級 数
── フーリエ級数を学ぶ前の最後の準備 ──

　本章では，$f(x) = e^x$，$\sin x$，$\dfrac{1}{1-x}$ などの初等関数をべき†級数に展開する問題を取り扱います。その中で，展開した級数の収束とその収束半径という概念について学びます。この展開の概念が，本書の最終的な目標となっている 5 章のフーリエ級数による波形の展開への流れとなります。

4.1　べ き 級 数 と は

　数列 $\{a_n\}$（$n = 0, 1, 2, \cdots$）を**定数係数**（constant coefficient），a を定数，x を変数として，**無限級数**

$$\sum_{n=0}^{\infty} a_n (x - a)^n \tag{4.1}$$

を a を中心とする**整級数**（power series），あるいは，**べき級数**（power series）という。ここで，$y = x - a$ とおくことにより，式 (4.1) は 0 を中心とするべき級数 $\displaystyle\sum_{n=0}^{\infty} a_n y^n$ となる。以下，簡単のため y を x で置き換えた

$$\sum_{n=0}^{\infty} a_n x^n = a_0 + a_1 x + a_2 x^2 + \cdots + a_n x^n + \cdots \tag{4.2}$$

について，その性質などを調べていく。

---

† 　本書では「べき級数」と平仮名を用いて「べき」と表現します。「冪」「巾」「ベキ」といろいろな表記があります。

4.1.1 べき級数の収束

式 (4.1), (4.2) のべき級数は, x の範囲によって収束することも発散することもある。収束する範囲を**収束域** (domain of convergence) という。まず, べき級数の基本となる収束に関する定義について説明する。

定義 4.1 （べき級数の収束とは)[†]

べき級数 $\displaystyle\sum_{n=0}^{\infty} a_n x^n$ が $x = x_0$ で収束するとき

$$\forall |x| < |x_0| \quad \text{に対して絶対収束} \tag{4.3}$$

する。また, $x = x_0$ で発散するなら

$$\forall |x| > |x_0| \quad \text{に対して発散} \tag{4.4}$$

する。

4.1.2 収 束 半 径

べき級数では, 4.1.3 項から収束半径に関する定理などを扱う。ここでは, 収束半径を定義しておく。式 (4.3) からべき級数の式 (4.2) が絶対収束する $|x|$ の値には上限 r が存在することがわかる。

定義 4.2 （収束半径とは）　べき級数 $\displaystyle\sum_{n=0}^{\infty} a_n x^n$ が絶対収束する $|x|$ の上限 r を**収束半径** (radius of convergence) という。べき級数は x が原点を中心とする半径 r の円内

$$|x| < r \tag{4.5}$$

[†] この定義は, 変数 x が実数でも複素数でも成り立つ。本書では, 実数のみを扱っているので, 複素数の話はしない。

にあるとき絶対収束する。この円をべき級数の**収束円**（circle of conver-
gence）という。

式 (4.5) で表されている収束半径とは，原点から収束域となる境界点までの
距離である。

4.1.3 収束・発散と収束半径

定義 4.2 の考え方をもとに，式 (4.2) のべき級数の収束，発散は収束半径を r
としてつぎの 3 通りに分類される。

（1）ある正の値 r が存在して

$$
\begin{cases}
|x| < r & \text{べき級数は絶対収束} \\
|x| > r & \text{べき級数は発散}
\end{cases}
$$

$$\tag{4.6}$$
$$\tag{4.7}$$

**※注意：$|x| = r$ で収束するか発散するかは別途計算しなければなら
ない。**

（2）すべての実数 x でべき級数は収束する。

$$\text{収束半径は無限大：} r = \infty \tag{4.8}$$

（3）$x = 0$ を除いてすべての実数 x でべき級数は発散する。

$$\text{収束半径は 0：} r = 0 \tag{4.9}$$

例題 4.1　つぎのべき級数の収束半径を求めなさい。

$$\sum_{n=0}^{\infty} x^n = 1 + x + x^2 + \cdots \tag{4.10}$$

【解答】　式 (4.10) より，初項 1，公比 x の等比級数なので，$|x|$ の範囲によって
つぎの三つに分けて第 n 項までの部分和 S_n を用いて求める。

（1）$1 - x \neq 0$ のとき　等比数列の和の公式を用いる

$$S_n = \sum_{k=0}^{n} x^k = \frac{1-x^{n+1}}{1-x} \tag{4.11}$$

両辺の極限をとると

$$\lim_{n\to\infty} S_n = \lim_{n\to\infty} \frac{1-x^{n+1}}{1-x} = \begin{cases} \dfrac{1}{1-x} & (|x|<1) \tag{4.12} \\[2mm] 発散 & (|x|>1) \end{cases}$$

$$\tag{4.13}$$

となり，$|x|<1$ のときは収束するが $|x|>1$ のときは発散する。

（2）　$x=1$ のとき

$$S_n = \sum_{k=0}^{n} 1 = n+1 \tag{4.14}$$

両辺の極限をとると

$$\lim_{n\to\infty} S_n = \lim_{n\to\infty} (n+1) = \infty \tag{4.15}$$

となり，発散する。

（3）　$x=-1$ のとき

$n=2m$ の部分和：S_{2m}（$n=0$ からなので項の総数は奇数個）

$$S_{2m} = (1-1)+(1-1)+\cdots+(1-1)+1 = 1 \tag{4.16}$$

$n=2m+1$ の部分和：S_{2m+1}（$n=0$ からなので項の総数は偶数個）

$$S_{2m+1} = (1-1)+(1-1)+\cdots+(1-1) = 0 \tag{4.17}$$

となり，発散する。

（1）〜（3）より

$$\therefore\ 収束半径\ r=1$$

$$ただし，\ \begin{cases} x=1\ で\ \displaystyle\sum_{n=0}^{\infty} 1 = \infty：発散 \\[4mm] x=-1\ で\ n\ が偶数，奇数で収束値が違う：発散 \end{cases}$$

◇

例題 4.2　つぎのべき級数の収束半径を求めなさい。

$$\sum_{n=0}^{\infty} \frac{x^n}{n!} = 1 + \frac{x}{1!} + \frac{x^2}{2!} + \cdots \tag{4.18}$$

【解答】　式 (4.18) が絶対収束するかどうかを調べる。式 (4.18) の各項の絶対値をとった級数

$$\sum_{n=0}^{\infty} \left| \frac{x^n}{n!} \right| = 1 \ + \left| \frac{x}{1!} \right| + \left| \frac{x^2}{2!} \right| + \cdots + \left| \frac{x^n}{n!} \right| + \cdots \tag{4.19}$$

$$正項級数 \sum_{n=0}^{\infty} a_n = a_0 + a_1 + a_2 + \cdots + a_n + \cdots \tag{4.20}$$

より，式 (4.19) と式 (4.20) の項の比較より

$$a_n = \left| \frac{x^n}{n!} \right| = \frac{|x^n|}{n!} > 0 \tag{4.21}$$

とすればよい。式 (4.19) は正項級数となるので，ダランベールの判定法の定理 3.6 を用いて収束判定が可能である。式 (4.21) にダランベールの判定式を適用すると

$$\frac{a_{n+1}}{a_n} = \frac{\dfrac{|x^{n+1}|}{(n+1)!}}{\dfrac{|x^n|}{n!}} = \frac{|x||x|^n n!}{(n+1)n!|x|^n} = \frac{|x|}{n+1} \tag{4.22}$$

となり，両辺の極限をとると

$$L = \lim_{n \to \infty} \frac{a_{n+1}}{a_n} = \lim_{n \to \infty} \frac{|x|}{n+1} = 0 \tag{4.23}$$

$0 = L < 1$ なので，$|x|$ が有界ならば絶対収束する。

$$\therefore \quad 収束半径 \ r = \infty \qquad\qquad\qquad \diamondsuit$$

4.2　べき級数の収束半径を求める定理

べき級数が絶対収束する $|x|$ の上限として収束半径 r が定義されていた。そして，例題 4.1 と例題 4.2 では，いままで学んだ知識を用いて収束半径を求め

た。例題 4.2 では，ダランベールの収束判定法を用いて L を計算することで，収束半径が求められた。ここでは，正項級数の二つの収束判定法を用いてべき級数の収束半径を求める方法を述べる。なお，これらの方法では，$n \longrightarrow \infty$ の極限計算を行うが，$|x|$ の上限として収束半径 r が定義されているので，厳密には上極限 $\varlimsup\limits_{n \to \infty}$ を用いて表現する[†]（3.3.2 項の式 (3.45)，および，3.3.3 項の式 (3.73)，(3.74) 参照）。

4.2.1　コーシー・アダマールの定理

まず，無限級数の収束判定法として 3.3.2 項で学んだコーシーの判定法から導出される**コーシー・アダマールの定理**（Cauchy–Hadamard theorem）をつぎに示す。

定理 4.1　（コーシー・アダマールの定理）　　べき級数 $\displaystyle\sum_{n=0}^{\infty} a_n x^n$ の収束半径 r は

$$l = \varlimsup_{n \to \infty} \sqrt[n]{|a_n|} = \frac{1}{r} \qquad (r = 0, \infty \text{ を含む}) \tag{4.24}$$

で与えられる。

証明　べき級数が絶対収束する条件を調べるため，$\displaystyle\sum_{n=0}^{\infty} |a_n x^n|$ にコーシーの判定法の定理 3.5 を適用する。まず

$$l = \varlimsup_{n \to \infty} \sqrt[n]{|a_n|} \tag{4.25}$$

とおくと

$$L = \varlimsup_{n \to \infty} \sqrt[n]{|a_n x^n|} = \varlimsup_{n \to \infty} \left\{ \sqrt[n]{|a_n|} \cdot |x| \right\}$$
$$= |x| \varlimsup_{n \to \infty} \left| \sqrt[n]{|a_n|} \right| = l|x| \tag{4.26}$$

[†]　本書では，より正確な表現という意味で定理の記述には上極限を用い，例題などの計算には通常の極限表記を用いる。

となる。したがって，L の範囲により

$$
\begin{cases}
(1) \quad 0 \le L = l|x| < 1 \text{ で収束} \quad \longrightarrow \quad |x| < \dfrac{1}{l} = r & (4.27) \\[3mm]
(2) \quad 1 < L = l|x| \quad\quad \text{ で発散} \quad \longrightarrow \quad |x| > \dfrac{1}{l} = r & (4.28)
\end{cases}
$$

$$
\therefore \quad \sum_{n=0}^{\infty} a_n x^n \text{ の収束半径} = r
$$

特に

- $l = 0$ ならば任意の x に対して $\displaystyle\sum_{n=0}^{\infty} a_n x^n$ は収束する

  i.e. $r = \infty$ $\hspace{6cm}$ (4.29)

- $l = \infty$ ならば $x \ne 0$ に対して $\displaystyle\sum_{n=0}^{\infty} a_n x^n$ は発散する

  i.e. $r = 0$ $\hspace{6.5cm}$ (4.30)

となる。 $\hfill \square$

※注意：定理 3.5 のコーシーの判定法と定理 3.6 のダランベールの判定法は，$\underline{L = 1 \text{ のとき用いることはできない}}$。したがって，定理 4.1 のコーシー・アダマールの定理と 4.2.2 項の定理 4.2 のダランベールの定理は，これらの判定法で $\underline{L = 1 \text{ となる } |\boldsymbol{x}| = \boldsymbol{r} \text{ のとき}}$は，個別に収束を判定する必要がある。

例題 4.3 つぎのべき級数の収束半径と，べき級数が収束する x の範囲を求めなさい。

$$
\sum_{n=1}^{\infty} \frac{x^n}{3^n} \tag{4.31}
$$

【解答】 式 (4.31) より，べき級数の第 n 項の係数 a_n は

$$
a_n = \frac{1}{3^n} > 0 \tag{4.32}
$$

となる。コーシー・アダマールの定理の式 (4.24) より，l は

$$l = \lim_{n \to \infty} \sqrt[n]{|a_n|} = \lim_{n \to \infty} \sqrt[n]{\frac{1}{3^n}} = \frac{1}{3} = \frac{1}{r}$$

$$収束半径 \quad r = 3 \tag{4.33}$$

つぎに，$x = \pm 3$（コーシーの判定法で $L = 1$ のとき）の収束・発散を調べる。$x = 3$ では

$$\sum_{n=1}^{\infty} \frac{3^n}{3^n} = \sum_{n=1}^{\infty} 1 \qquad 発散する$$

$x = -3$ では，第 n 部分和を S_n とすると

$$S_n = \sum_{k=1}^{n} (-1)^k = \left\{ \begin{array}{ll} 0 & n \text{ が偶数} \\ -1 & n \text{ が奇数} \end{array} \right\} 発散する$$

したがって，$x = \pm 3$ で発散する。

$$\therefore \left\{ \begin{array}{ll} 収束半径 & r = 3 \\ 収束範囲 & |x| < 3 \end{array} \right. \qquad\qquad \diamondsuit$$

4.2.2 ダランベールの定理

前項のコーシー・アダマールの定理では，べき級数の係数項が n のべき根でなければ利用できない。一方，3.3.3 項のダランベールの判定法から導出できる**ダランベールの定理**（d'Alembert's theorem）は，連続する 2 項の比で収束半径を求められるので利用のしやすさがある。

定理 4.2　（ダランベールの定理）　べき級数 $\displaystyle\sum_{n=0}^{\infty} a_n x^n$ の収束半径 r は

$$l = \lim_{n \to \infty} \left| \frac{a_{n+1}}{a_n} \right| = \frac{1}{r} \qquad (r = 0, \infty \text{ を含む}) \tag{4.34}$$

で与えられる。ただし，式 (4.34) が確定している，すなわち

$$l = \varlimsup_{n \to \infty} \left| \frac{a_{n+1}}{a_n} \right| = \varliminf_{n \to \infty} \left| \frac{a_{n+1}}{a_n} \right| \tag{4.35}$$

とする。

証明　べき級数が絶対収束する条件を調べるため，$\displaystyle\sum_{n=0}^{\infty}|a_n x^n|$ にダランベール
の判定法の定理 3.6 を適用する。まず

$$l = \lim_{n\to\infty}\left|\frac{a_{n+1}}{a_n}\right| \tag{4.36}$$

とおくと

$$L = \lim_{n\to\infty}\left|\frac{a_{n+1}x^{n+1}}{a_n x^n}\right| = \lim_{n\to\infty}\left\{\left|\frac{a_{n+1}}{a_n}\right||x|\right\}$$

$$= |x|\lim_{n\to\infty}\left|\frac{a_{n+1}}{a_n}\right| = l|x| = \frac{|x|}{r} \tag{4.37}$$

となる。したがって，L の範囲により

$$\begin{cases} 1)\quad 0 \leqq L = l|x| < 1 \text{ で収束} & \longrightarrow |x| < \dfrac{1}{l} = r \tag{4.38}\\[2mm] 2)\quad 1 < L = l|x| \qquad \text{で発散} & \longrightarrow |x| > \dfrac{1}{l} = r \tag{4.39} \end{cases}$$

$$\therefore \quad \sum_{n=0}^{\infty} a_n x^n \text{ の収束半径} = r$$

特に

- $l = 0$ ならば任意の x に対して $\displaystyle\sum_{n=0}^{\infty} a_n x^n$ は収束する

  i.e. $r = \infty$ \hfill (4.40)

- $l = \infty$ ならば $x \neq 0$ に対して $\displaystyle\sum_{n=0}^{\infty} a_n x^n$ は発散する

  i.e. $r = 0$ \hfill (4.41)

となる。 □

例題 4.4　つぎのべき級数の収束半径と x の範囲を求めなさい。

$$\sum_{n=1}^{\infty} n x^n \tag{4.42}$$

【解答】 式 (4.42) より，べき級数の第 n 項の係数 a_n は

$$a_n = n > 0 \tag{4.43}$$

ダランベールの定理の式 (4.34) より，l は

$$l = \lim_{n \to \infty} \left| \frac{a_{n+1}}{a_n} \right| = \lim_{n \to \infty} \frac{n+1}{n} = 1 = \frac{1}{r}$$

収束半径 $r = 1$ \hfill (4.44)

つぎに，$x = \pm 1$（ダランベールの判定法で $L = 1$ のとき）の収束・発散を調べる。
$x = 1$ では

$$\sum_{n=1}^{\infty} n \qquad 発散する$$

$x = -1$ では

$$\sum_{n=1}^{\infty} n(-1)^n \ \text{の無限級数の第 } n \text{ 項の極限をとると} \lim_{n \to \infty} \{n(-1)^n\} \neq 0 \text{ とな}$$

り，無限級数の性質 3 の式 (3.5) の対偶の式 (3.6) より発散する。

あるいは，$x = -1$ では交項級数となる。

$$\sum_{n=1}^{\infty} n(-1)^n = -1 + 2 - 3 + 4 - 5 + 6 + \cdots + (-1)^n n + \cdots$$

偶数項までの和：S_{2m} $(n = 2m)$

$$\begin{aligned}
S_{2m} &= (-1 + 2) + (-3 + 4) + (-5 + 6) + \cdots \\
&\quad + (-(2m - 1) + (2m)) \\
&= 1 + 1 + 1 + \cdots + 1 \longrightarrow \ \infty \ (n \longrightarrow \infty)
\end{aligned}$$

奇数項までの和：S_{2m+1} $(n = 2m + 1)$

$$\begin{aligned}
S_{2m+1} &= -1 + (2 - 3) + (4 - 5) + \cdots + (2m - (2m + 1)) \\
&= -1 - 1 - 1 - 1 \cdots - 1 \longrightarrow \ -\infty \ (n \longrightarrow \infty)
\end{aligned}$$

$x = -1$ でも発散する。

したがって，$x = \pm 1$ で発散する。

$$\therefore \left\{ \begin{array}{l} 収束半径 \quad r = 1 \\ 収束範囲 \quad |x| < 1 \end{array} \right. \hfill \diamond$$

4.3　べき級数の項別微分・項別積分と収束半径との関係

べき級数 $\displaystyle\sum_{n=0}^{\infty} a_n x^n$ の収束半径を r とすると，収束半径内では絶対収束する。この絶対収束する範囲で**項別微分**（termwise differentiation）や**項別積分**（termwise integration）が可能である。この項別微分と項別積分の関係を図 **4.1** に示す。

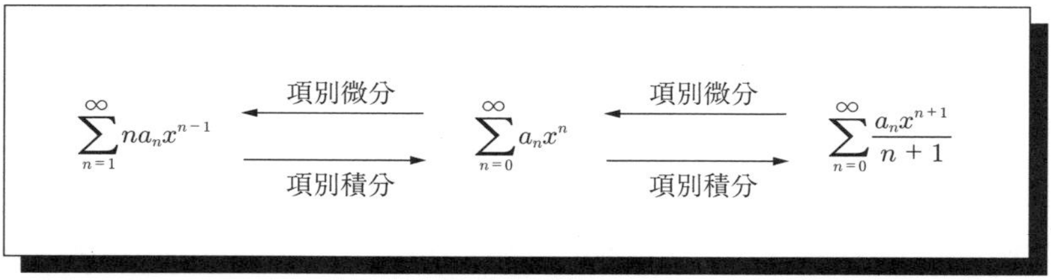

図 **4.1**　べき級数の項別微分と項別積分の関係

4.3.1　べき級数の収束半径に関する定理

べき級数が収束するとき，そのべき級数の演算から導出されるべき級数の収束半径に関する性質がある。この性質により，項別に微分しても積分しても元のべき級数の収束半径と等しくなる。このべき級数の収束半径に関する性質は，つぎの定理である。

定理 4.3　（べき級数の項別微分・項別積分の収束半径）

（ 1 ）　べき級数 $\displaystyle\sum_{n=0}^{\infty} a_n x^n$ と $\displaystyle\sum_{n=1}^{\infty} n a_n x^{n-1}$ の収束半径は等しい　(4.45)

（ 2 ）　べき級数 $\displaystyle\sum_{n=0}^{\infty} a_n x^n$ と $\displaystyle\sum_{n=0}^{\infty} \frac{a_n x^{n+1}}{n+1}$ の収束半径は等しい　(4.46)

（ 1 ）と（ 2 ）とは同値である。

証明 （1）と（2）が同値なので，ここでは（1）を2通りの方法で証明する。

【方法 1】 ダランベールの定理 4.2 を利用する方法（（1）と（2）を証明）

$$\sum_{n=0}^{\infty} a_n x^n \text{ の収束半径} = r \tag{4.47}$$

ダランベールの定理 4.2 式 (4.34) より，式 (4.47) の収束半径は

$$l = \lim_{n \to \infty} \left| \frac{a_{n+1}}{a_n} \right| = \frac{1}{r} \tag{4.48}$$

となる。

$$\sum_{n=1}^{\infty} n a_n x^{n-1} \text{ の収束半径} = r' \tag{4.49}$$

とする。ダランベールの定理では，連続する 2 項間の比をとるので，式 (4.49) の収束半径は，x^{n-1} の係数を $b_n = n a_n$ とおくと式 (4.34) より

$$l_1 = \lim_{n \to \infty} \left| \frac{b_{n+1}}{b_n} \right| = \lim_{n \to \infty} \left| \frac{(n+1)a_{n+1}}{n a_n} \right| = \lim_{n \to \infty} \left| \frac{n+1}{n} \frac{a_{n+1}}{a_n} \right|$$

$$= \lim_{n \to \infty} \left\{ \left(1 + \frac{1}{n} \right) \left| \frac{a_{n+1}}{a_n} \right| \right\} = \lim_{n \to \infty} \left| \frac{a_{n+1}}{a_n} \right| = \frac{1}{r'} = l = \frac{1}{r} \tag{4.50}$$

$$\therefore \quad r = r' \tag{4.51}$$

つぎに

$$\sum_{n=0}^{\infty} \frac{a_n x^{n+1}}{n+1} \text{ の収束半径} = r'' \tag{4.52}$$

とする。同様に，ダランベールの定理では，連続する 2 項間の比をとるので，式 (4.52) の収束半径は x^{n+1} の係数を $c_n = \dfrac{a_n}{n+1}$ とおくと式 (4.34) より，式 (4.52) の収束半径は

$$l_2 = \lim_{n \to \infty} \left| \frac{c_{n+1}}{c_n} \right| = \lim_{n \to \infty} \left| \frac{\dfrac{a_{n+1}}{n+2}}{\dfrac{a_n}{n+1}} \right| = \lim_{n \to \infty} \left| \frac{n+1}{n+2} \frac{a_{n+1}}{a_n} \right|$$

$$= \lim_{n \to \infty} \left\{ \left(\frac{1 + \dfrac{1}{n}}{1 + \dfrac{2}{n}} \right) \left| \frac{a_{n+1}}{a_n} \right| \right\} = \lim_{n \to \infty} \left| \frac{a_{n+1}}{a_n} \right| = \frac{1}{r''} = l = \frac{1}{r}$$

$$\tag{4.53}$$

$$\therefore \quad r = r'' \tag{4.54}$$

したがって，式 (4.51) より式 (4.45) が，式 (4.54) より式 (4.46) が証明できた。

　【方法2】　3章までの知識で証明する方法（（1）のみを証明）

$$\sum_{n=0}^{\infty} a_n x^n \text{ の収束半径} = r \tag{4.47：再掲}$$

$$\sum_{n=1}^{\infty} n a_n x^{n-1} \text{ の収束半径} = r' \tag{4.49：再掲}$$

とする。$\displaystyle\sum_{n=1}^{\infty} n a_n x^{n-1}$ は $|x| < r'$ で絶対収束する。そこで，$\displaystyle\sum_{n=1}^{\infty} |n a_n x^n|$ の収束半径を評価すると

$$\sum_{n=1}^{\infty} |n a_n x^n| = \sum_{n=1}^{\infty} |x \cdot n a_n x^{n-1}| = |x| \cdot \sum_{n=1}^{\infty} |n a_n x^{n-1}| \tag{4.55}$$

となり，式 (4.49) から

$$\text{収束半径} = r' \tag{4.56}$$

$$\text{収束範囲 } |x| < r' \text{ で絶対収束する} \tag{4.57}$$

となる。ここで，式 (4.47) と式 (4.55) の左辺の第 n 項目の大小関係を比較すると

$$|a_n x^n| \leqq |n a_n x^n| \qquad (1 \leqq n) \tag{4.58}$$

となる。したがって，ともに正項級数となっているので，定理 3.4 の比較法式 (3.28) より式 (4.47) $\displaystyle\sum_{n=0}^{\infty} a_n x^n$ も $|x| < r'$ で絶対収束する。

$$\therefore \quad r \leqq r' \tag{4.59}$$

　一方

$$|x| < p < r \tag{4.60}$$

となる p を考える。仮定の式 (4.47) より

$$\sum_{n=1}^{\infty} |a_n p^n| \text{ も収束する} \tag{4.61}$$

そこで，$\displaystyle\sum_{n=1}^{\infty}|a_n p^{n-1}|$ を評価する。

$$\sum_{n=1}^{\infty}|a_n p^{n-1}| = \frac{1}{p}\sum_{n=1}^{\infty}|a_n p^n| \tag{4.62}$$

となり，式 (4.62) の右辺の級数は収束し収束半径が r なので，左辺の級数も収束し収束半径も r となる。いま

$$|a_n p^{n-1}| \le c \qquad (n = 1, 2, \cdots) \tag{4.63}$$

が存在する。ここで

$$|x| < p \tag{4.64}$$

なる x に対して $|n a_n x^{n-1}|$ を評価する。

$$|n a_n x^{n-1}| = \left| n a_n p^{n-1} \times \left(\frac{x}{p}\right)^{n-1} \right|$$

$$= \left| a_n p^{n-1} \right| \cdot n \left| \frac{x}{p} \right|^{n-1}$$

$$|n a_n x^{n-1}| \le c \cdot \left(n \left| \frac{x}{p} \right|^{n-1} \right) \tag{4.65}$$

式 (4.65) の右辺の ( ) 内の級数の収束を調べてみる。

$$\sum_{n=1}^{\infty} n \left| \frac{x}{p} \right|^{n-1} \tag{4.66}$$

式 (4.64) より

$$\left| \frac{x}{p} \right| < 1 \tag{4.67}$$

となる。式 (4.66) の収束判定に 3.3.3 項のダランベールの判定法を用いると，第 n 項 $b_n = n \left| \dfrac{x}{p} \right|^{n-1} > 0$ なので

$$\lim_{n\to\infty} \frac{b_{n+1}}{b_n} = \lim_{n\to\infty} \frac{(n+1)\left|\dfrac{x}{p}\right|^{n}}{n\left|\dfrac{x}{p}\right|^{n-1}} = \lim_{n\to\infty} \left(1 + \frac{1}{n}\right)\left|\frac{x}{p}\right|$$

$$= \left| \frac{x}{p} \right| < 1 \quad (\because \text{式 } (4.67)) \tag{4.68}$$

したがって，式 (4.65) の左辺 $\displaystyle\sum_{n=1}^{\infty} n a_n x^{n-1}$ も収束する。式 (4.61)〜(4.63) より，この上限は r となる。

$$\therefore \quad r' \leqq r \tag{4.69}$$

式 (4.59) と式 (4.69) より

$$\therefore \quad r = r'$$

となり，式 (4.45) が示せた。　　　　　　　　　　　　　　　　　　□

4.3.2　べき級数の性質と項別微分・項別積分

べき級数 $\displaystyle\sum_{n=0}^{\infty} a_n x^n$ の収束半径を r とすると，収束半径内では絶対収束するので，このべき級数はつぎの性質をもつ。ただし，収束半径 $r \neq 0$ とする。

性質 1：連続性

開区間 $|x| < r$ で連続な関数 $f(x)$ となる。

$$f(x) = \sum_{n=0}^{\infty} a_n x^n = a_0 + a_1 x + a_2 x^2 + \cdots + a_n x^n + \cdots \tag{4.70}$$

性質 2：項別微分

開区間 $|x| < r$ 内の任意の点において項別に微分することができる。得られたべき級数 $\displaystyle\sum_{n=1}^{\infty} n a_n x^{n-1}$ は同じ収束半径 r をもち，その級数の和は $f'(x)$ に等しい。つまり，式 (4.70) 右辺の第 n 項目の微分

$$\frac{d}{dx}\left\{ a_n x^n \right\} = n a_n x^{n-1}$$

より

$$f'(x) = \frac{df(x)}{dx} = \frac{d}{dx}\left\{ \sum_{n=0}^{\infty} a_n x^n \right\} = \sum_{n=0}^{\infty} \left[\frac{d}{dx}\left\{ a_n x^n \right\} \right]$$

$$= \sum_{n=1}^{\infty} n a_n x^{n-1} = a_1 + 2a_2 x + 3a_3 x^2 + \cdots \qquad (|x| < r)$$

$$(4.71)$$

性質 3：項別積分

開区間 $|x| < r$ 内の任意の点において項別に積分することができる。得られ

たべき級数 $\sum_{n=0}^{\infty} \dfrac{a_n x^{n+1}}{n+1}$ は同じ収束半径 r をもち，その級数の和は $f(x)$ を積

分したものに等しい。式 (4.70) 右辺の第 n 項目の積分

$$\int_0^x a_n t^n dt = \frac{a_n}{n+1} x^{n+1}$$

より

$$\int_0^x f(t)dt = \int_0^x \left\{ \sum_{n=0}^{\infty} a_n t^n \right\} dt = \sum_{n=0}^{\infty} \left[\int_0^x a_n t^n dt \right]$$

$$= \sum_{n=0}^{\infty} \frac{a_n}{n+1} x^{n+1} = a_0 x + \frac{a_1}{2} x^2 + \frac{a_2}{3} x^3 + \cdots \qquad (|x| < r)$$

$$(4.72)$$

4.4 関数のべき級数展開

4.3 節では，べき級数が収束半径内の領域での連続性や項別微分，項別積分に
ついて述べた。解析学を学んでいれば，テイラー展開やマクローリン展開を学
び，$f(x)$ が無限回微分可能であれば，x のべき級数に展開できることを知って
いるだろう。しかし，重要な収束範囲については学んでいないかもしれない。

ここでは，4.1 節で述べたべき級数の収束に関する知識を用いてテイラー展開
やマクローリン展開を調べてみる。

4.4.1 マクローリン級数

4.3 節まで扱ったべき級数は，式 (4.1) で $a = 0$ とした原点 $x = 0$ を中心と
するべき級数であった。そこでまず，関数 $f(x)$ を原点 $x = 0$ を中心とするべ
き級数に展開することを考える。

原点 $x = 0$ を中心とする収束半径 r のべき級数を

$$f(x) = a_0 + a_1 x + a_2 x^2 + a_3 x^3 + \cdots + a_n x^n + \cdots \tag{4.73}$$

とする。式 (4.73) をつぎつぎに x で微分していく。

$$f'(x) = a_1 + 2a_2 x + 3a_3 x^2 + 4a_4 x^3 + \cdots + n a_n x^{n-1} + \cdots \tag{4.74}$$

$$f''(x) = 2a_2 + 3 \cdot 2 a_3 x + 4 \cdot 3 a_4 x^2 + \cdots + n \cdot (n-1) a_n x^{n-2} + \cdots \tag{4.75}$$

$$f'''(x) = 3 \cdot 2 a_3 + 4 \cdot 3 \cdot 2 a_4 x + \cdots + n \cdot (n-1)(n-2) a_n x^{n-3} + \cdots \tag{4.76}$$

$$\vdots$$

$$f^{(n)}(x) = n! a_n + (n+1)! a_{n+1} x + (n+2)(n+1) \cdots 4 \cdot 3 a_{n+2} x^2 + \cdots$$

$$= \sum_{k=n}^{\infty} \frac{k!}{(k-n)!} a_k x^{k-n} \tag{4.77}$$

ここで，$f(x)$ および $f(x)$ をつぎつぎに微分した式 (4.73)〜(4.77) に $x = 0$ を代入すると

$$f(0) \quad = a_0 = 0! a_0$$

$$f'(0) \quad = a_1 = 1! a_1$$

$$f''(0) \quad = \quad 2! a_2$$

$$f'''(0) \quad = \quad 3! a_3$$

$$\vdots$$

$$f^{(n)}(0) = \quad n! a_n$$

より

$$a_n = \frac{f^{(n)}(0)}{n!} \qquad (n = 0, 1, 2, \cdots) \tag{4.78}$$

となる。式 (4.78) を式 (4.73) に代入すると

$$f(x) = f(0) + \frac{f'(0)}{1!}x + \frac{f''(0)}{2!}x^2 + \cdots + \frac{f^{(n)}(0)}{n!}x^n + \cdots$$

$$= \sum_{n=0}^{\infty} \frac{f^{(n)}(0)}{n!}x^n \qquad (|x| < r) \tag{4.79}$$

となる。式 (4.79) を $f(x)$ の**マクローリン級数**という。そして，関数 $f(x)$ を
マクローリン級数に展開することを**マクローリン展開**（Maclaurin expansion）
という。したがって，マクローリン級数とは $f(x)$ の $x = 0$ を中心とした級数
展開である。また，このマクローリン級数の収束半径は，式 (4.78) から求めら
れる。

例題 4.5　$f(x) = e^x$ をマクローリン展開して，そのべき級数の収束半径
と収束範囲を求めなさい。

【解答】　$f^{(n)}(x) = e^x$ から，$f^{(n)}(0) = e^0 = 1$ となり，式 (4.78) より

$$a_n = \frac{f^{(n)}(0)}{n!} = \frac{e^0}{n!} = \frac{1}{n!} \tag{4.80}$$

となる。したがって，$f(x) = e^x$ のマクローリン展開は，式 (4.80) を式 (4.79) へ
代入することで

$$f(x) = e^x = \sum_{n=0}^{\infty} a_n x^n = \sum_{n=0}^{\infty} \frac{f^{(n)}(0)}{n!}x^n$$

$$= \sum_{n=0}^{\infty} \frac{x^n}{n!} \tag{4.81}$$

となる。つぎに，式 (4.81) のマクローリン級数の収束半径 r をダランベールの定
理の式 (4.34) を用いて求める。式 (4.34) に式 (4.80) を代入すると

$$l = \lim_{n \to \infty} \left| \frac{a_{n+1}}{a_n} \right| = \lim_{n \to \infty} \left| \frac{\dfrac{1}{(n+1)!}}{\dfrac{1}{n!}} \right| = \lim_{n \to \infty} \left(\frac{1}{n+1} \right)$$

$$= 0 = \frac{1}{r}$$

となる。

∴   収束半径 $r = \infty$,   収束範囲 $|x| < +\infty$ ◇

図 **4.2**,図 **4.3** は,e^x と式 (4.81) において $n = 1, 11$ のときのグラフとその誤差を示す。

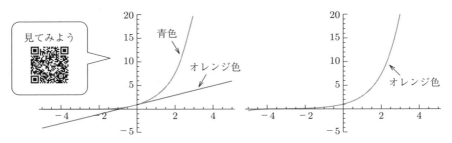

（a） 式(4.81)において $n = 1$ まで   （b） 式(4.81)において $n = 11$ まで

図 **4.2** $f(x) = e^x$ (青色) と式 (4.81) の部分和 (オレンジ色) のグラフ

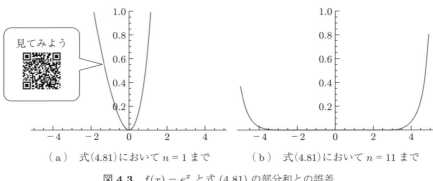

（a） 式(4.81)において $n = 1$ まで   （b） 式(4.81)において $n = 11$ まで

図 **4.3** $f(x) = e^x$ と式 (4.81) の部分和との誤差

例題 4.6   つぎの関数 $f(x)$ をマクローリン展開して,そのべき級数の収束半径と範囲を求めなさい。

$$f(x) = \frac{1}{1 - x} \tag{4.82}$$

【解答】 式 (4.82) のマクローリン展開は，例題 1.2 で求めた。すなわち，式 (4.82) の n 回微分は，**表 4.1**（1 章の表 1.1 と同じ）から

$$f^{(n)}(x) = n!(1-x)^{(n+1)} \tag{4.83}$$

となり，$f^{(n)}(0) = n!$ となり，式 (4.78) より

$$a_n = \frac{f^{(n)}(0)}{n!} = \frac{n!}{n!} = 1 \tag{4.84}$$

となる。したがって，マクローリン展開は，式 (4.84) を式 (4.79) へ代入することで

$$f(x) = \frac{1}{1-x} = \sum_{n=0}^{\infty} a_n x^n = \sum_{n=0}^{\infty} \frac{f^{(n)}(0)}{n!} x^n$$

$$= \sum_{n=0}^{\infty} \frac{n!}{n!} x^n = \sum_{n=0}^{\infty} x^n \tag{4.85}$$

となる。べき級数式 (4.85) の収束半径は，ダランベールの定理でもコーシー・アダマールの定理でも求めることができる。ここでは，確認のため両方の方法で求める。

表 4.1 $f(x) = \dfrac{1}{1-x}$ の n 回微分と $x = 0$ での微分係数

微分回数 n	導関数 $f^{(n)}(x)$	$f^{(n)}(0)$
0	$\dfrac{1}{1-x} = (1-x)^{-1}$	1
1	$1!(1-x)^{-2}$	$1!$
2	$2!(1-x)^{-3}$	$2!$
3	$3!(1-x)^{-4}$	$3!$
$\vdots$	$\vdots$	$\vdots$
n	$n!(1-x)^{-(n+1)}$	$n!$

コーシー・アダマールの定理を用いると，式 (4.24) に式 (4.84) を代入すると，収束半径 r は

$$l = \lim_{n \to \infty} \sqrt[n]{|a_n|} = 1 = \frac{1}{r} \tag{4.86}$$

$$\therefore \quad r = 1 \tag{4.87}$$

となる。

ダランベールの定理を用いると，式 (4.34) に式 (4.84) を代入すると，収束半径 r は

$$l = \lim_{n \to \infty} \left| \frac{a_{n+1}}{a_n} \right| = 1 = \frac{1}{r} \tag{4.88}$$

$$\therefore \quad r = 1 \tag{4.89}$$

となる。

$f(x) = \dfrac{1}{1-x}$ のマクローリン展開したべき級数式 (4.85) は，例 4.1 のべき級数と同じである。収束半径 $r = 1$ となる。

つぎに，$|x| = 1$（各判定法で $L = 1$ のとき）の $f(x) = \dfrac{1}{1-x}$ のマクローリン級数の式 (4.85) の右辺が成立するか調べる。

● $x = 1$ のとき

$$f(x) = \frac{1}{1-x} \begin{cases} 右側極限値 \quad \displaystyle\lim_{x \to 1+0} = -\infty \\ 左側極限値 \quad \displaystyle\lim_{x \to 1-0} = \ \infty \end{cases} \tag{4.90}$$

$$マクローリン級数の式 (4.85) の右辺 = \sum_{n=0}^{\infty} 1 = \infty \tag{4.91}$$

したがって，$x = 1$ では式 (4.85) は成立しない。

● $x = -1$ のとき

$$f(-1) = \frac{1}{1-(-1)} = \frac{1}{2} \tag{4.92}$$

マクローリン級数の式 (4.85) の右辺の第 n 部分和を S_n とすると

$$S_n = \sum_{k=0}^{n} (-1)^k = \begin{cases} 1 & n \ 偶数 \\ 0 & n \ 奇数 \end{cases} \tag{4.93}$$

したがって，$x = -1$ では式 (4.85) は成立しない。例 4.1 の結果から，収束範囲は $|x| < 1$ となる。

$$\therefore \quad 収束半径 \quad r = 1, \ 収束範囲 \quad |x| < 1 \qquad\qquad \diamondsuit$$

表 4.2（1 章の表 1.2 と同じ）に，x の範囲により，n が偶数か奇数かにより，式 (4.85) の収束・発散の状態を示す。

図 4.4，**図 4.5** に，式 (4.85) において $n = 20$（偶数），21（奇数）のときのグラフと誤差を示す。図からも $|x| > 1$ で発散している様子が概測できる。

表 4.2　式 (4.85) 右辺の x の範囲と n が偶数か奇数かによる収束・発散

n	x の範囲	部分和 $\sum_{k=0}^{n} x^k$ の n が 1 列目の条件を保って $n \longrightarrow \infty$ とした極限値
偶　数	$\|x\| > 1$	∞
	$x = -1$	1
偶数・奇数	$\|x\| < 1$	$\dfrac{1}{1-x}$
	$x = 1$	∞
奇　数	$x < -1$	$-\infty$
	$x = -1$	0
	$x > 1$	∞

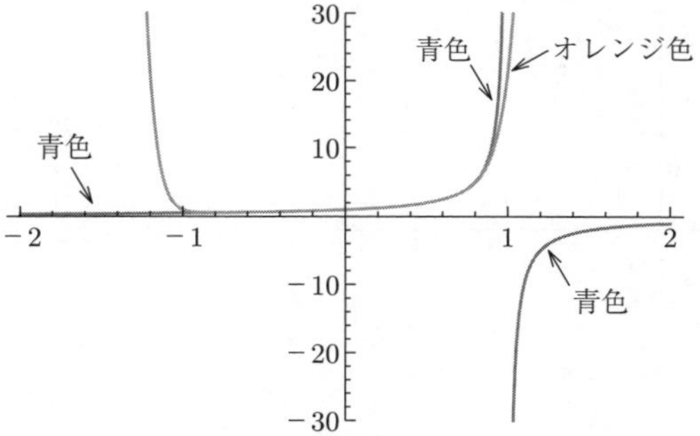

（a）　式(4.85)において $n = 20$ まで

見てみよう

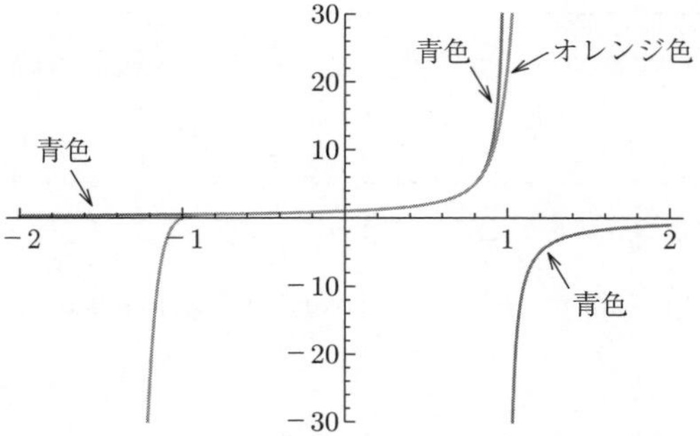

（b）　式(4.85)において $n = 21$ まで

図 4.4　$f(x) = \dfrac{1}{1-x}$（青色）と式 (4.85) の部分和（オレンジ色）のグラフ

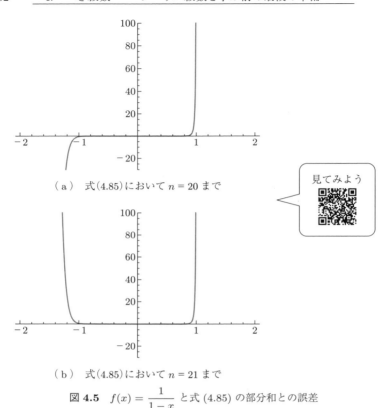

（a）　式(4.85)において $n = 20$ まで

見てみよう

（b）　式(4.85)において $n = 21$ まで

図 4.5　$f(x) = \dfrac{1}{1-x}$ と式 (4.85) の部分和との誤差

例題 4.7　$f(x) = \sin x$ をマクローリン展開して，そのべき級数の収束半径と範囲を求めなさい。

【解答】　$f(x) = \sin x$ をつぎつぎに微分していくと

$$f'(x)=\cos x,\ \ f''(x)=-\sin x,\ \ f'''(x)=-\cos x,\ \ f^{(4)}(x)=\sin x,\ \ \cdots$$

となることより

$$f^{(n)}(x) = \sin\left(x + \frac{n\pi}{2}\right) \tag{4.94}$$

となる。式 (4.94) に $x = 0$ を代入すると

$$f^{(n)}(0) = \sin\left(\frac{n\pi}{2}\right) = \begin{cases} 0 & n \text{ が偶数} \quad (4.95) \\ (-1)^{n-1} & n \text{ が奇数} \quad (4.96) \end{cases}$$

となる。したがって，べき級数は x の奇数乗の項のみをもつことになり

$$f^{(2n+1)}(0) = (-1)^n \qquad (n = 0, 1, 2, \cdots) \tag{4.97}$$

となる。式 (4.78) より $f(x) = \sin x$ のマクローリン展開は，次式である。

$$f(x) = \sin x = \sum_{n=0}^{\infty} (-1)^n \frac{1}{(2n+1)!} x^{2n+1} \tag{4.98}$$

収束半径 r をつぎの 3 通りの方法で求める。

【方法 1】 式 **(4.98)** にダランベールの定理を用いる方法

式 (4.98) より

$$a_{2n+1} = (-1)^n \frac{1}{(2n+1)!}$$

となるので，ダランベールの定理の式 (4.34) に代入すると

$$\frac{1}{r^2} = \lim_{n \to \infty} \left| \frac{a_{2n+1}}{a_{2n-1}} \right| = \frac{\dfrac{1}{(2n+1)!}}{\dfrac{1}{(2n-1)!}} = \lim_{n \to \infty} \frac{(2n-1)!}{(2n+1)!}$$

$$= \lim_{n \to \infty} \frac{(2n-1)!}{(2n+1)2n(2n-1)!} = \lim_{n \to \infty} \frac{1}{(2n+1)2n} = \frac{1}{\infty}$$

$$\therefore \quad r = \infty, \quad |x| < +\infty$$

※注意（r^2 になることの説明）：偶数や奇数項のみのべき級数において，ダランベールの判定法から求めた，ダランベールの定理では，収束半径 r^2 が求められる。

【方法 2】 式 **(4.98)** を変形してダランベールの定理を応用する方法

形式的に以下のように変形する。

$$\sum_{n=0}^{\infty} (-1)^n \frac{1}{(2n+1)!} x^{2n+1} = x \sum_{n=0}^{\infty} (-1)^n \frac{1}{(2n+1)!} x^{2n}$$

べき級数なので $x = 0$ ではつねに収束するので両辺の収束・発散は一致する[†]。

[†] 例えば，級数 $\displaystyle\sum_{n=0}^{\infty} x$ は $x = 0$ のときに，0 に収束する。これを形式的に $\displaystyle x \sum_{n=0}^{\infty} 1$ と変形すると，級数 $\displaystyle\sum_{n=0}^{\infty} 1$ は，発散し，変形する前との収束・発散は一致しない。一般的に，級数に対する変形操作には注意が必要である。

ここで，$y = x^2$ および

$$a_n = (-1)^n \frac{1}{(2n+1)!} \tag{4.99}$$

とおいて

$$\sum_{n=0}^{\infty} (-1)^n \frac{1}{(2n+1)!} x^{2n} = \sum_{n=0}^{\infty} a_n y^n \tag{4.100}$$

の収束半径を調べる。ダランベールの定理の式 (4.34) に，式 (4.99) を代入すると

$$\lim_{n \to \infty} \left| \frac{a_{n+1}}{a_n} \right| = \lim_{n \to \infty} \frac{\dfrac{1}{(2n+1)!}}{\dfrac{1}{(2n+3)!}}$$

$$= \lim_{n \to \infty} (2n+3)(2n+2) = \infty \tag{4.101}$$

以上から，式 (4.101) からべき級数式 (4.100) の収束半径は ∞ となる。ただし，変数 y の定義域は，$y = x^2 \geqq 0$ となっているので y の収束範囲は $[0, +\infty)$ となる。

したがって，$\sin x$ のマクローリン展開の式 (4.98) 右辺の級数の収束半径は $(-\infty, +\infty)$ となる。

$$\therefore \quad r = \infty, \quad |x| < +\infty$$

【方法 3】 式 (4.98) にダランベールの判定法を応用する方法

$x = 0$ のときには，式 (4.98) 右辺の級数は収束する。$x \neq 0$ について考える。

式 (4.98) が絶対収束するかを調べる。そこで，第 n 項の絶対値をとり正項級数とした第 n 項を b_n とおく。

$$b_n = \left| (-1)^n \frac{x^{2n+1}}{(2n+1)!} \right| = \frac{|x^{2n+1}|}{(2n+1)!} > 0$$

正項級数 $\displaystyle\sum_{n=1}^{\infty} b_n$ に関する，定理 3.6 のダランベールの判定法式 (3.54) を適用する。

$$\lim_{n \to \infty} \frac{b_{n+1}}{b_n} = \lim_{n \to \infty} \frac{\dfrac{|x^{2n+3}|}{(2n+3)!}}{\dfrac{|x^{2n+1}|}{(2n+1)!}}$$

$$= \lim_{n \to \infty} \frac{|x^2|}{(2n+2)(2n+3)}$$

$$= |x^2| \lim_{n \to \infty} \frac{1}{(2n+2)(2n+3)} = 0 < 1$$

したがって，式 (4.98) 右辺の級数は $x \neq 0$ で絶対収束し，$x = 0$ でも収束する。

$$\therefore \quad r = \infty, \quad |x| < +\infty \qquad \qquad \diamondsuit$$

$f(x) = \sin x$ のグラフを**図 4.6** に示す。$f(x) = \sin x$ と式 (4.98) の右辺のマクローリン展開で $n = 1$ までを**図 4.7**(a) に $n = 29$ までを**図 (b)** に示す。そして，$f(x)$ と部分和との誤差を**図 4.8** に示す。

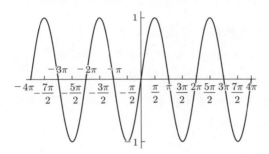

図 **4.6** $f(x) = \sin x$

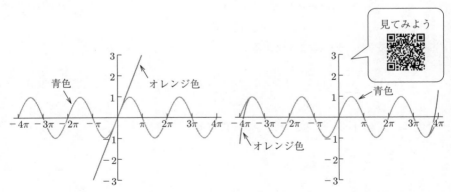

(a) 式 (4.98) において $n = 1$ まで   (b) 式 (4.98) において $n = 29$ まで

図 **4.7** $f(x) = \sin x$（青色）と式 (4.98) の部分和（オレンジ色）のグラフ

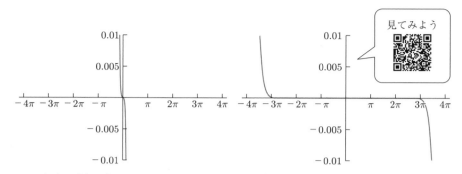

（ａ）　式(4.98)において $n = 1$ まで　　（ｂ）　式(4.98)において $n = 29$ まで

図 **4.8**　$f(x) = \sin x$ と式 (4.98) の部分和との誤差

4.4.2　テイラー級数

マクローリン展開は原点 $x = 0$ でのべき級数展開であった。ここでは，式 (4.1) の $x = a$ を中心とした $f(x)$ のべき級数展開を考える。

$x = a$ を中心とする収束半径 r の $|x - a| < r$ で収束するべき級数を次式 (4.102) とする。

$$f(x) = a_0 + a_1(x - a) + a_2(x - a)^2 + a_3(x - a)^3 + \cdots$$
$$+ a_n(x - a)^n + \cdots = \sum_{n=0}^{\infty} a_n(x - a)^n \tag{4.102}$$

ここで，添字 n を k に置き換える。

$$f(x) = \sum_{k=0}^{\infty} a_k(x - a)^k = a_0 + \sum_{k=1}^{\infty} a_k(x - a)^k \tag{4.103}$$

つぎに，式 (4.103) をつぎつぎに x で微分していく。

$$f'(x) = \sum_{k=1}^{\infty} k a_k(x - a)^{k-1}$$
$$= a_1 + \sum_{k=2}^{\infty} k a_k(x - a)^{k-1} \tag{4.104}$$

$$f''(x) = \sum_{k=2}^{\infty} k(k-1)a_k(x-a)^{k-2}$$

$$= 2(2-1)a_2 + \sum_{k=3}^{\infty} k(k-1)a_k(x-a)^{k-2} \tag{4.105}$$

$$f'''(x) = \sum_{k=3}^{\infty} k(k-1)(k-2)a_k(x-a)^{k-3}$$

$$= 3(3-1)(3-2)a_3 + \sum_{k=4}^{\infty} k(k-1)(k-2)a_k(x-a)^{k-3} \tag{4.106}$$

$$\vdots$$

$$f^{(n)}(x) = \sum_{k=n}^{\infty} \frac{k!}{(k-n)!}a_k(x-a)^{k-n} \tag{4.107}$$

$$= n!a_n + \sum_{k=n+1}^{\infty} \frac{k!}{(k-n)!}a_k(x-a)^{k-n} \tag{4.108}$$

ここで，$f(x)$ および $f(x)$ をつぎつぎに微分した式 $(4.103)\sim(4.108)$ に $x = a$ を代入すると

$$f(a) \quad = a_0 = 0!a_0$$

$$f'(a) \quad = a_1 = 1!a_1$$

$$f''(a) \quad = \qquad 2!a_2$$

$$f'''(a) \quad = \qquad 3!a_3$$

$$\vdots$$

$$f^{(n)}(a) = \qquad n!a_n$$

より

$$a_n = \frac{f^{(n)}(a)}{n!} \qquad (n = 0, 1, 2, \cdots) \tag{4.109}$$

となる。式 (4.109) を式 (4.102) へ代入すると

$$f(x) = f(a) + \frac{f'(a)}{1!}(x-a) + \frac{f''(a)}{2!}(x-a)^2 + \cdots$$

$$+ \frac{f^{(n)}(a)}{n!}(x-a)^n + \cdots$$

$$= \sum_{n=0}^{\infty} \frac{f^{(n)}(a)}{n!}(x-a)^n \qquad (|x-a| < r) \qquad (4.110)$$

となる。式 (4.110) を $f(x)$ の**テイラー級数**という。そして，関数 $f(x)$ をテイラー級数に展開することを**テイラー展開** (Taylor expansion) という。また，このテイラー級数の収束半径は，式 (4.109) から求められる。そして，テイラー展開で $a = 0$ のときを，マクローリン展開と呼ぶ。

章 末 問 題

【1】 つぎのべき級数の収束半径と x の範囲を求めなさい。

（1） $\displaystyle\sum_{n=0}^{\infty} x^n$ $\qquad (4.111)$

（2） $\displaystyle\sum_{n=1}^{\infty} nx^n$ $\qquad (4.112)$

（3） $\displaystyle\sum_{n=0}^{\infty} \frac{x^n}{2^n}$ $\qquad (4.113)$

（4） $\displaystyle\sum_{n=1}^{\infty} \frac{x^n}{n^2 2^n}$ $\qquad (4.114)$

（5） $\displaystyle\sum_{n=1}^{\infty} \frac{(x-2)^n}{n}$ $\qquad (4.115)$

（6） $\displaystyle\sum_{n=0}^{\infty} n!(x-1)^n$ $\qquad (4.116)$

【2】 つぎの関数をマクローリン展開をして，収束半径と収束範囲を求めなさい。

（1） $f(x) = \log(1 + x)$ $\qquad (4.117)$

（2） $f(x) = \dfrac{1}{x - 1}$ $\qquad (4.118)$

5 | フーリエ級数
—— ついに目標に到着 ——

　1.2.2 項から，簡単な三角関数の和で複雑な波形を合成できそうなことがわかっています。

　本章では，複雑な関数を $f(x)$ を直交関数系と呼ばれる三角関数を用いて表す方法について考えます。まずそのために必要なオイラーの公式と三角関数のおもな公式，周期の概念，直交関数系の概念を学んでから，フーリエ級数の基本について学びます。つぎに，具体的な関数をフーリエ級数に展開する方法について学びます。最後に，フーリエ級数の収束性についても学びます。

5.0　三角関数に関する公式

高校から大学初年度で学ぶ三角関数に関するさまざまな公式を紹介する。

5.0.1　オイラーの公式

オイラーの公式（Euler's formula）は，三角関数の計算が指数関数の計算に変わる。この公式を用いて**三角関数のさまざまな公式**が導出できる。知っておくと，とても便利な公式である。

定理 5.1　（オイラーの公式）

$$e^{ix} = \cos x + i \sin x \qquad (i = \sqrt{-1} : 虚数単位 \text{（imaginary unit）})$$

$$(5.1)$$

|証明|　e^{ix}, $\cos x$, $\sin x$ をそれぞれマクローリン展開して，**実数部**（real part）と**虚数部**（imaginary part）を比較してみると簡単に証明できる。　　　□

式 (5.1) から下記の公式が求められる。

$$\cos x = \frac{e^{ix} + e^{-ix}}{2} \tag{5.2}$$

$$\sin x = \frac{e^{ix} - e^{-ix}}{2i} \tag{5.3}$$

$$e^{x+iy} = e^x \left(\cos y + i \sin y\right) \tag{5.4}$$

同様に，式 (5.1) から**ド・モアブルの定理**（de Moirvre's theorem）が導出できる。

定理 5.2　（ド・モアブルの定理）

$$(\cos x + i \sin x)^n = \cos nx + i \sin nx \tag{5.5}$$

証明　式 (5.1) の右辺を n 乗し，式 (5.1) の左辺で $x \longrightarrow nx$ とする。

$$(\cos x + i \sin x)^n = \left(e^{ix}\right)^n = e^{i(nx)} = \cos nx + i \sin nx \qquad \square$$

5.0.2　加法定理と積和変換公式

式 (5.1) から下記の**加法定理**（addition theorem）が求められる。

定理 5.3　（加法定理）

$$\sin(x \pm y) = \sin x \cdot \cos y \pm \cos x \cdot \sin y \tag{5.6}$$

$$\cos(x \pm y) = \cos x \cdot \cos y \mp \sin x \cdot \sin y \tag{5.7}$$

証明　式 (5.1) で $x \longrightarrow x + y$ に置き換える。

$$e^{i(x+y)} = e^{ix+iy} = e^{ix}e^{iy} \tag{5.8}$$

式 (5.8) 左辺を計算すると

$$e^{i(x+y)} = \underline{\cos(x+y)} + i\underwavy{\sin(x+y)} \tag{5.9}$$

式 (5.8) 右辺を計算すると

$$e^{ix}e^{iy} = (\underline{\cos x} + i\underwavy{\sin x})(\underline{\cos y} + i\underwavy{\sin y})$$

$$= \underline{\cos x \cdot \cos y - \sin x \cdot \sin y} + i\underwavy{(\sin x \cdot \cos y + \cos x \cdot \sin y)} \tag{5.10}$$

式 (5.8) から [式 (5.9) の実数部] = [式 (5.10) の実数部] より

$$\underline{\cos(x+y)} = \underline{\cos x \cdot \cos y - \sin x \cdot \sin y} \tag{5.11}$$

式 (5.8) から [式 (5.9) の虚数部] = [式 (5.10) の虚数部] より

$$\underwavy{\sin(x+y)} = \underwavy{\sin x \cdot \cos y + \cos x \cdot \sin y} \tag{5.12}$$

式 (5.1) で $x \longrightarrow x-y$ に置き換える。

$$e^{i(x-y)} = e^{ix-iy} = e^{ix}e^{-iy}$$

$$e^{i(x-y)} = \underline{\cos(x-y)} + i\sin(x-y)$$

$$e^{ix}e^{-iy} = (\underline{\cos x} + i\underwavy{\sin x})(\underline{\cos y} - i\underwavy{\sin y})$$

$$= \underline{\cos x \cdot \cos y + \sin x \cdot \sin y} + i(\sin x \cdot \cos y - \cos x \cdot \sin y)$$

実数部より

$$\underline{\cos(x-y)} = \underline{\cos x \cdot \cos y + \sin x \cdot \sin y} \tag{5.13}$$

虚数部より

$$\underwavy{\sin(x-y)} = \underwavy{\sin x \cdot \cos y - \cos x \cdot \sin y} \tag{5.14}$$

したがって

$$\begin{cases} \sin(x \pm y) = \sin x \cdot \cos y \pm \cos x \cdot \sin y & (5.15) \\ \cos(x \pm y) = \cos x \cdot \cos y \mp \sin x \cdot \sin y & (5.16) \end{cases}$$

□

そして，式 (5.15) と式 (5.16) で $x = y$ とおき，左辺の複号同順のプラスをとると，それぞれ sin と cos の 2 倍角公式が得られる。

（ 1 ） 積和変換公式 （product-to-sum conversion formulas） ここで，式 (5.12) − 式 (5.14) とすると

$$\sin(x + y) = \sin x \cdot \cos y + \cos x \cdot \sin y$$

$$-)\qquad \sin(x - y) = \sin x \cdot \cos y - \cos x \cdot \sin y$$

$$\overline{\sin(x + y) - \sin(x - y) = \qquad\qquad 2 \cos x \cdot \sin y}$$

となり，積と和の関係が求まる。式 (5.6) と式 (5.7) より，つぎの積を和に変換する公式が導出できる。

$$\sin x \sin y = -\frac{1}{2}\big[\cos(x + y) - \cos(x - y)\big] \tag{5.17}$$

$$\sin x \cos y = \frac{1}{2}\big[\sin(x + y) + \sin(x - y)\big] \tag{5.18}$$

$$\cos x \sin y = \frac{1}{2}\big[\sin(x + y) - \sin(x - y)\big] \tag{5.19}$$

$$\cos x \cos y = \frac{1}{2}\big[\cos(x + y) + \cos(x - y)\big] \tag{5.20}$$

ここで，式 (5.17) と式 (5.20) で $x = y \longrightarrow \dfrac{x}{2}$ とおくことで，それぞれ sin と cos の半角公式が得られる。

（ 2 ） 和積変換公式 （sum-to-product conversion formulas） 積和変換公式で $x + y = X$，$x - y = Y$ と置き換えてみるとつぎの和を積に変換する公式が導出できる。

$$\sin x + \sin y = 2 \sin \frac{x + y}{2} \cos \frac{x - y}{2} \tag{5.21}$$

$$\sin x - \sin y = 2 \cos \frac{x + y}{2} \sin \frac{x - y}{2} \tag{5.22}$$

$$\cos x + \cos y = 2 \cos \frac{x + y}{2} \cos \frac{x - y}{2} \tag{5.23}$$

$$\cos x - \cos y = -2 \sin \frac{x + y}{2} \sin \frac{x - y}{2} \tag{5.24}$$

（ 3 ） その他の重要な公式 $n \in \mathbb{Z}$ とするとき

$$\sin n\pi = 0 \tag{5.25}$$

$$\cos n\pi = (-1)^n = \begin{cases} 1 & n：偶数 \\ -1 & n：奇数 \end{cases} \tag{5.26}$$

$$\sin \frac{n\pi}{2} = \begin{cases} 0 & n：偶数 \\ (-1)^{\frac{n-1}{2}} & n：奇数 \end{cases} \tag{5.27}$$

$$\cos \frac{n\pi}{2} = \begin{cases} (-1)^{\frac{n}{2}} & n：偶数 \\ 0 & n：奇数 \end{cases} \tag{5.28}$$

5.1 周 期 関 数

図 **5.1** に $y = \sin x$, $y = \cos x$ の，図 **5.2** に $y = \tan x$ の周期性を示す。このように，三角関数は周期性があり，同じ形が周期的に繰り返される。n を整数として

$$\sin(x + 2n\pi) = \sin x$$

$$\cos(x + 2n\pi) = \cos x$$

$$\tan(x + n\pi) = \tan x$$

となる。

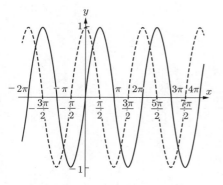

図 **5.1** $\sin x$ (──) と $\cos x$ (----) の
周期性

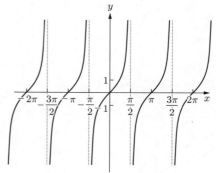

図 **5.2** $\tan x$ の周期性

一般に関数 $f(x)$ が

$$f(x + T) = f(x) \qquad (T > 0) \tag{5.29}$$

のとき，f を**周期関数**と呼び，定数 T をその**周期**（period）という。式 (5.29) を満たす最小の T を**基本周期**（fundamental period）という。

図 5.1 からわかるように，$\sin x$, $\cos x$ の基本周期は，$T = 2\pi$ であり，図 5.2 からわかるように，$\tan x$ の基本周期は，$T = \pi$ である。

5.1.1　周期関数の性質

ここでは，周期関数のもつ性質について述べる。

性質 1　基本周期 T の周期関数 f は定義域内において

$$f(x) = f(x + nT) \qquad \forall n \in \mathbb{Z} \quad (\mathbb{Z} : 整数の集合) \tag{5.30}$$

となる。

性質 2　基本周期 T の周期関数 f は，定数 $a\ (\neq 0)$, b とすると

$$f(ax + b) \text{ の周期} : T' = \frac{T}{|a|} \tag{5.31}$$

となる。

性質 3　基本周期 $2L$ の周期関数

$$f(x + 2L) = f(x) \tag{5.32}$$

を

$$x = \frac{L}{\pi}t \tag{5.33}$$

で変数変換すると

$$f\left(\frac{L}{\pi}t\right) \text{ の周期} : T' = 2\pi \tag{5.34}$$

となる。

$$\left(\because \quad 式\ (5.31)\ より,\ T' = \frac{T}{|a|} = \frac{2L}{\dfrac{L}{\pi}} = 2\pi \right)$$

5.1.2 周期関数に関するおもな定理

ここでは，二つの周期関数の演算によって得られた関数の周期に関する定理を述べる。

定理 5.4 （周期関数の線形結合の周期） 二つの周期関数 f, g が周期 T の周期関数であれば，その**線形結合** (linear combination)

$$h(x) = af(x) + bg(x) \tag{5.35}$$

も周期 T の周期関数である。

証明 式 (5.35) の x を $x + T$ とし，周期関数の性質 1 より，次式のようになる。

$$h(x + T) = af(x + T) + bg(x + T) = af(x) + bg(x) = h(x) \qquad \square$$

定理 5.5 （二つの周期関数の積関数の周期） 二つの周期関数 f, g が周期 T の周期関数であれば，その**積関数** (product function)

$$h(x) = f(x) \times g(x) \tag{5.36}$$

も周期 T の周期関数である。

証明 式 (5.36) の x を $x + T$ とし，周期関数の性質 1 より，次式のようになる。

$$h(x + T) = f(x + T) \times g(x + T) = f(x) \times g(x) = h(x) \qquad \square$$

例題 5.1 $f(x) = \alpha \cdot \cos \dfrac{x}{2} + \beta \cdot \cos \dfrac{x}{3}$ の基本周期を求めなさい。ただし，α, $\beta \in \mathbb{R}$, $\alpha\beta \neq 0$ とする。

【解答】 $\cos x$ の基本周囲は $T = 2\pi$ より，式 (5.31) から

$$\cos \frac{x}{2} \text{ の基本周期：} a = \frac{1}{2} \text{ なので } T' = \frac{T}{|a|} = \frac{2\pi}{\dfrac{1}{2}} = 4\pi$$

$\cos \dfrac{x}{3}$ の基本周期：$a = \dfrac{1}{3}$ なので $T' = \dfrac{T}{|a|} = \dfrac{2\pi}{\dfrac{1}{3}} = 6\pi$

4π と 6π の最小公倍数は $[4\pi, 6\pi] = 12\pi$ ∴ 基本周期 $= 12\pi$

$\alpha = 1$, $\beta = \dfrac{1}{2}$ のときの各 $\cos$ と合成図形 $f(x)$ を図 **5.3** に示す。

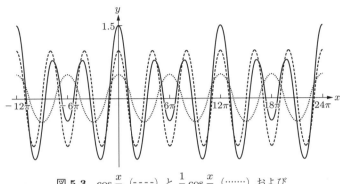

図 **5.3** $\cos \dfrac{x}{2}$（----）と $\dfrac{1}{2} \cos \dfrac{x}{3}$（……）および
その合成図形 $f(x)$（──）

◇

参考 5.1（角速度と角周波数の関係）　$\sin \omega t$, ω：角速度 rad/sec, f：
周波数 Hz とすると

$$\omega = 2\pi f = \frac{2\pi}{T} \quad \therefore \quad T = \frac{2\pi}{\omega} = \frac{1}{f} \tag{5.37}$$

と表される。

つぎに，周期関数を 1 周期にわたって積分したときの性質を述べる。

定理 5.6（周期関数の積分の性質）　関数 $f(x)$ は，周期 T の周期関数
とする。任意の定数 c に対して

$$\int_0^T f(x)dx = \int_c^{c+T} f(x)dx \tag{5.38}$$

証明 式 (5.38) の左辺の $t = x + c$ とおいて置換積分を適用すると, $dt = dx$ となるので

$$\left. \begin{array}{c|ccc} x & 0 & \longrightarrow & T \\ \hline t & c & \longrightarrow & c+T \end{array} \right\}$$

$$\therefore \quad \int_0^T f(x)dx = \int_c^{c+T} f(t)dt = \int_c^{c+T} f(x)dx$$

となる。 □

5.2 偶関数と奇関数

5.4 節からのフーリエ係数は, 5.3.2 項の直交関数系が成立するため, 簡単に求められる。これは, 三角関数の**対称性** (symmetry) によるものといえる。ある区間 $I = [-a, a]$ ($a = \infty$ を含んでもよい) で定義された対称性をもつ関数 $f(x)$ としてつぎの偶関数と奇関数がある。

5.2.1 偶 関 数
偶関数 (even function) とは

$$f(x) = f(-x) \tag{5.39}$$

を満たす関数である。y 軸に関して**線対称** (line symmetry) な関数といえる。

代表的な例として, $\cos nx$ や x^{2n} ($n \geqq 0$, $n \in \mathbb{N}$) がある。

5.2.2 奇 関 数
奇関数 (odd function) とは

$$f(-x) = -f(x) \tag{5.40}$$

を満たす関数である。原点に関して**点対称** (point symmetry) な関数といえる。

代表的な例として, $\sin nx$, $\tan nx$ や x^{2n+1} ($n \geqq 0$, $n \in \mathbb{N}$) がある。

5.2.3 偶関数と奇関数の性質

偶関数と奇関数にはつぎのような性質がある。

性質 1 $f(x)$ を任意の関数とするとき

$$
\begin{cases}
f_{even}(x) = \dfrac{f(x) + f(-x)}{2} & (5.41) \\[2mm]
f_{odd}(x) = \dfrac{f(x) - f(-x)}{2} & (5.42)
\end{cases}
$$

また，式 (5.41)，(5.42) より

$$
f(x) = f_{even}(x) + f_{odd}(x) \tag{5.43}
$$

と表される。$f_{even}(x)$ は偶関数，$f_{odd}(x)$ は奇関数となる。関数 $f_{even}(x)$ を関数 $f(x)$ の**偶関数部分** (even function part)，関数 $f_{odd}(x)$ を関数 $f(x)$ の**奇関数部分** (odd function part) という。

性質 2 偶関数 × 偶関数，　奇関数 × 奇関数 $\longrightarrow$ 偶関数

　　　　偶関数 × 奇関数 $\longrightarrow$ 奇関数

性質 3

$$
\int_{-a}^{a} f(x)dx =
\begin{cases}
2\displaystyle\int_{0}^{a} f(x)dx & f(x)：偶関数 \\[3mm]
0 & f(x)：奇関数
\end{cases} \tag{5.44}
$$

例題 5.2　関数 $f(x) = \cos 2x + \sin x + x^2 - 4x + 3$ の偶関数部分 $f_{even}(x)$ と奇関数部分 $f_{odd}(x)$ を求めなさい。

【解答】　式 (5.41) より，$f(x)$ の偶関数部分 $f_{even}(x)$ は

$$
\begin{aligned}
f_{even}(x) &= \frac{f(x) + f(-x)}{2} \\[2mm]
&= \frac{(\cos 2x + \sin x + x^2 - 4x + 3) + (\cos(-2x) + \sin(-x) + (-x)^2 - 4(-x) + 3)}{2} \\[2mm]
&= \frac{\cos 2x + \sin x + x^2 - 4x + 3 + \cos 2x - \sin x + x^2 + 4x + 3}{2}
\end{aligned}
$$

$$= \frac{2(\cos 2x + x^2 + 3)}{2}$$

$$= \cos 2x + x^2 + 3 \tag{5.45}$$

式 (5.42) より，$f(x)$ の奇関数部分 $f_{odd}(x)$ は

$$f_{odd}(x) = \frac{f(x) - f(-x)}{2}$$

$$= \frac{(\cos 2x + \sin x + x^2 - 4x + 3) - (\cos(-2x) + \sin(-x) + (-x)^2 - 4(-x) + 3)}{2}$$

$$= \frac{\cos 2x + \sin x + x^2 - 4x + 3 - (\cos 2x - \sin x + x^2 + 4x + 3)}{2}$$

$$= \frac{2(\sin x - 4x)}{2}$$

$$= \sin x - 4x \tag{5.46}$$

式 (5.43) が成り立つことを，式 (5.45) と式 (5.46) の和より，確認する。

$$f_{even}(x) + f_{odd}(x) = \cos 2x + x^2 + 3 + \sin x - 4x = f(x) \qquad\qquad \diamondsuit$$

5.3　直 交 関 数 系

直交するベクトルの内積は 0 であった。そして，ゼロベクトルでないベクトル同士の内積が 0 であればベクトルは直交していた。ここでは，ベクトルの内積と直交との延長として関数の内積と直交とを考える。

5.3.1　ベクトルの内積と直交

n 元の縦ベクトル（vertical vector）[†] $\boldsymbol{x}$, $\boldsymbol{y}$

$$\boldsymbol{x} = \begin{pmatrix} x_1 \\ x_2 \\ \vdots \\ x_n \end{pmatrix}, \qquad \boldsymbol{y} = \begin{pmatrix} y_1 \\ y_2 \\ \vdots \\ y_n \end{pmatrix}$$

[†]　$(n, 1)$ 型の行列と見ることができる。

に対して，**内積**（inner product）は，$\boldsymbol{x}$ の転置ベクトル（transposed vector）
を $\boldsymbol{x}^T$ とすると[†]

$$\boldsymbol{x} \cdot \boldsymbol{y} = (\boldsymbol{x}, \boldsymbol{y}) = \boldsymbol{x}^T \boldsymbol{y} = |\boldsymbol{x}|\,|\boldsymbol{y}|\,\cos\theta = \sum_{i=1}^{n} x_i y_i \tag{5.47}$$

となる。ただし

$$|\boldsymbol{x}| = \sqrt{x_1{}^2 + x_2{}^2 + \cdots + x_n{}^2}\ ,\ \ |\boldsymbol{y}| = \sqrt{y_1{}^2 + y_2{}^2 + \cdots + y_n{}^2}$$

である。これ以降，内積の表現には (,) を用いる。内積には，つぎの四つの性
質がある。

【ベクトルの内積の性質】 $\tag{5.48}$

（1）　$(\boldsymbol{x}, \boldsymbol{y}) = (\boldsymbol{y}, \boldsymbol{x})$

（2）　$(\lambda\boldsymbol{x}, \boldsymbol{y}) = \lambda(\boldsymbol{x}, \boldsymbol{y})$　　　$(\lambda \in \mathbb{R})$

（3）　$(\boldsymbol{x_1} + \boldsymbol{x_2}, \boldsymbol{y}) = (\boldsymbol{x_1}, \boldsymbol{y}) + (\boldsymbol{x_2}, \boldsymbol{y})$

（4）　$(\boldsymbol{x}, \boldsymbol{x}) \geqq 0$, 等号が成り立つのは $\boldsymbol{x} = \boldsymbol{0}$

そして，ベクトルの**直交**（orthogonal）はつぎのように定義されている。

$$(\boldsymbol{x}, \boldsymbol{y}) = 0\ \ \wedge\ \ \boldsymbol{x}, \boldsymbol{y} \neq \boldsymbol{0} \Longleftrightarrow \boldsymbol{x} \text{ と } \boldsymbol{y} \text{ は直交する } (\boldsymbol{x} \perp \boldsymbol{y}) \tag{5.49}$$

5.3.2　関数の内積と直交

ベクトルの内積の延長として関数 $p(x)$，$q(x)$ の内積を定義する。

定義 5.1　（関数の内積）　　区間 $I = [a, b]$ で定義された二つの関数 $p(x)$,
$q(x)$ の内積をつぎの式で表す。

$$(p, q) = \int_a^b p(x)q(x)dx < +\infty \tag{5.50}$$

[†]　転置行列の表現には A^T のほかに $^t\!A$, A' が用いられる。

　ベクトルの式 (5.48) と同様に，この定義から内積 (p,q) はつぎの性質を満足することがわかる。

【関数の内積の性質】 (5.51)

（1）　$(p,q) = (q,p)$

（2）　$(\lambda p, q) = \lambda(p,q)$　　　$(\lambda \in \mathbb{R})$

（3）　$(p + q, r) = (p,r) + (q,r)$

（4）　$(p,p) \geqq 0$　　　かつ　　　$(p,p) = 0 \Longleftrightarrow p(x) = 0$

そして，ベクトルの式 (5.49) と同様に，関数の**直交**をつぎのように定義する。

定義 5.2　（関数の直交）

$$(p,q) = 0 \quad \wedge \quad p(x), q(x) \neq 0 \tag{5.52}$$

のとき，$p(x)$ と $q(x)$ は**直交する**という。

5.3.3　関数列の直交関数系

　区間 $I = [a,b]$ で，**関数列** (sequence of functions) $\{\phi_n(x)\}_{(n=0,1,\cdots)}$ が定義されている。

　関数列 $\{\phi_n(x)\}_{(n=0,1,\cdots)} = \{\phi_0(x), \phi_1(x), \phi_2(x), \cdots, \phi_s(x), \cdots, \phi_r(x), \cdots\}$ が，つぎの内積

$$
\begin{aligned}
(\phi_s, \phi_r) &= \int_a^b \phi_s(x)\phi_r(x)dx = \alpha(s)\delta_{sr} \\
&= \begin{cases} \alpha(s) > 0 & (s = r) \\ 0 & (s \neq r) \end{cases}
\end{aligned} \tag{5.53}
$$

$$
\text{ただし，} \quad \delta_{sr} = \begin{cases} 1 & (s = r) \\ 0 & (s \neq r) \end{cases} \tag{5.54}
$$

を満たすとき関数列 $\{\phi_n(x)\}$ は**直交関数系** (system of orthogonal functions)

をなすという。このとき，$\alpha(n)$ $(n = 0, 1, 2, \cdots, s, \cdots, r, \cdots)$ を**規格化係数**（normalization coefficient）という。特に，$\alpha(n) \equiv 1$ $(n = 0, 1, 2, \cdots)$ のとき，$\{\phi_n(x)\}$ を**正規直交関数系**（system of orthonormal functions）という。また，δ を**クロネッカーのデルタ**（Kronecker Delta）という。

これから扱う三角関数系

$$\left\{\sin nx\right\}_{(n=1,2,3,\cdots)}, \left\{\cos nx\right\}_{(n=0,1,2,\cdots)}$$

は，区間 $I = [-\pi, \pi]$ で直交関数系をなしている。このため，内積の性質を満足するので 5.4 節フーリエ級数からの計算が簡単になるといえる。三角関数の直交関係を 5.3.4 項で詳細に計算してみる。

5.3.4 三角関数の直交関係

定義域 $I = [-\pi, \pi]$ において，三角関数系

$$\{1, \cos x, \sin x, \cos 2x, \sin 2x, \cdots, \cos nx, \sin nx, \cdots\}$$

が直交関数系であることは，偶関数と奇関数の性質から求められる。これは，sin，cos のグラフを描くことでイメージできるであろう。三角関数の直交関係を示すために，三角関数系の任意の異なる 2 関数の内積（どれか二つの積の $-\pi$ から π までの積分）$= 0$ となることを示す。

具体的には

$$\left.\begin{array}{l}(\cos mx, \cos nx) = \displaystyle\int_{-\pi}^{\pi} \cos mx \cdot \cos nx \; dx \\[2mm] (\sin mx, \sin nx) = \displaystyle\int_{-\pi}^{\pi} \sin mx \cdot \sin nx \; dx \\[2mm] (\cos mx, \sin nx) = \displaystyle\int_{-\pi}^{\pi} \cos mx \cdot \sin nx \; dx \end{array}\right\} \; \text{は} \; \mathbf{?} \; (m, n \geq 0)$$

$$(5.55)$$

の内積演算の計算過程をつぎに示す。

（ 1 ）　cos の直交関係

1)　$m = n = 0$

$$(\cos 0x, \cos 0x) = \int_{-\pi}^{\pi} dx = 2\pi \tag{5.56}$$

2)　$m \neq n, \; m, n > 0$

$$\begin{aligned}
(\cos mx, \cos nx) &= \int_{-\pi}^{\pi} \cos mx \cdot \cos nx \; dx \\
&= \frac{1}{2} \int_{-\pi}^{\pi} \big[\cos(m+n)x + \cos(m-n)x\big] dx \\
&= \frac{1}{2} \left[\frac{1}{m+n} \sin(m+n)x + \frac{1}{m-n} \sin(m-n)x \right]_{-\pi}^{\pi} \\
&= 0 \tag{5.57}
\end{aligned}$$

　$\therefore \; m \neq n, \; m, n > 0$ のとき，$\cos mx$ と $\cos nx$ は直交している。

3)　$m > 0, \; n = 0$

$$(\cos mx, \cos 0x) = \int_{-\pi}^{\pi} 1 \cdot \cos mx \; dx = \frac{1}{m} \left[\sin mx \right]_{-\pi}^{\pi} = 0 \quad (5.58)$$

　$\therefore \; m > 0, \; n = 0$ のとき，1（定数）と $\cos mx$ は直交している。

4)　$m = n, \; m > 0$

$$\begin{aligned}
(\cos mx, \cos mx) &= \int_{-\pi}^{\pi} \cos^2 mx \; dx = \frac{1}{2} \int_{-\pi}^{\pi} (1 + \cos 2mx) dx \\
&= \pi \tag{5.59}
\end{aligned}$$

したがって，式 (5.57)〜(5.59) より，つぎの直交関係式を得る。

$$\begin{aligned}
(\cos mx, \cos nx) &= \alpha(m) \; \delta_{mn} \\
&= \begin{cases}
2\pi & (m = n = 0) & (5.60) \\[2mm]
\pi & (m = n, \; m, n > 0) & (5.61) \\[2mm]
0 & (m \neq n, \; m, n \geqq 0) & (5.62)
\end{cases}
\end{aligned}$$

（2） sin の直交関係

1) $m \lor n = 0$ のときは $\sin 0x = 0$ なので内積は 0

2) $m \neq n,\ m, n > 0$

$$
\begin{aligned}
\big(\sin mx, \sin nx\big) &= \int_{-\pi}^{\pi} \sin mx \cdot \sin nx \ dx \\
&= \frac{1}{2} \int_{-\pi}^{\pi} \big[\cos(m-n)x - \cos(m+n)x\big] dx \\
&= 0
\end{aligned}
\tag{5.63}
$$

$\therefore\ m \neq n,\ m, n > 0$ のとき，$\sin mx$ と $\sin nx$ は直交している。

3) $m > 0,\ \forall a \neq 0 \in \mathbb{R}$

$$
\begin{aligned}
\big(a, \sin mx\big) &= \int_{-\pi}^{\pi} a \cdot \sin mx \ dx = -\frac{a}{m}\Big[\cos mx\Big]_{-\pi}^{\pi} \\
&= 0
\end{aligned}
\tag{5.64}
$$

$\therefore\ m > 0,\ \forall a \neq 0 \in \mathbb{R}$ のとき，定数と $\sin mx$ は直交している。

4) $m = n,\ m > 0$

$$
\begin{aligned}
\big(\sin mx, \sin mx\big) &= \int_{-\pi}^{\pi} \sin^2 mx \ dx = \frac{1}{2} \int_{-\pi}^{\pi} \big(1 - \cos 2mx\big) dx \\
&= \pi
\end{aligned}
\tag{5.65}
$$

したがって，式 (5.63)〜(5.65) より，つぎの直交関係式を得る。

$$
\big(\sin mx, \sin nx\big) = \beta(m)\, \delta_{mn} =
\begin{cases}
\pi & (m = n,\ m, n > 0) \quad (5.66) \\[2mm]
0 & (m \neq n,\ m, n \geqq 0) \quad (5.67)
\end{cases}
$$

（3） cos と sin との直交関係

$m, n > 0$ のとき

$$\big(\cos mx, \sin nx\big) = \int_{-\pi}^{\pi} \cos mx \cdot \sin nx \; dx$$

$$= \frac{1}{2} \int_{-\pi}^{\pi} \big[\sin(m+n)x - \sin(m-n)x\big] dx = 0$$

$$(5.68)$$

∴ $m, n > 0$ のとき，$\cos mx$ と $\sin nx$ は直交している。

cos，sin，cos と sin の直交関係を調べてきた。その結果，定義域 $I = [-\pi, \pi]$ において，三角関数系

$$\{1, \cos x, \sin x, \cos 2x, \sin 2x, \cdots, \cos nx, \sin nx, \cdots\}$$

は直交関数系であることが示された。つまり

任意の異なる 2 関数の内積 (どれか二つの積の $-\pi$ から π までの積分)＝0

となる。sin と cos に関する直交関係式 (5.60)〜(5.62)，式 (5.66)〜(5.68) を整理すると，以下のようになる。

$$(\cos mx, \cos nx) = \int_{-\pi}^{\pi} \cos mx \cdot \cos nx \; dx$$

$$= \begin{cases} 2\pi & (m=n=0) \qquad\qquad \text{(5.60：再掲)} \\ \pi & (m=n, \; m,n>0) \quad\;\; \text{(5.61：再掲)} \\ 0 & (m \neq n, \; m,n \geqq 0) \quad \text{(5.62：再掲)} \end{cases}$$

$$(\sin mx, \sin nx) = \int_{-\pi}^{\pi} \sin mx \cdot \sin nx \; dx$$

$$= \begin{cases} \pi & (m=n, \; m,n>0) \quad\;\; \text{(5.66：再掲)} \\ 0 & (m \neq n, \; m,n \geqq 0) \quad \text{(5.67：再掲)} \end{cases}$$

$$(\cos mx, \sin nx) = \int_{-\pi}^{\pi} \cos mx \cdot \sin nx \; dx = 0 \qquad (m,n>0)$$

$$(5.68：再掲)$$

5.4 フ ー リ エ 級 数

これから扱う**フーリエ級数**は，身の回りの複雑な波形を sin と cos の**三角級数**で表したものである。まずは基礎を理解するため，関数 $f(x)$ を周期 2π の周期関数とする。

関数 $f(x)$ の**フーリエ級数展開**（Fourier series expansion）とは，三角関数の級数（これを**三角級数**という）により

$$f(x) = \frac{a_0}{2} + \sum_{n=1}^{\infty} (a_n \cos nx + b_n \sin nx) \tag{5.69}$$

と表そうというものである。ここで，式 (5.69) の未知の係数 a_n, b_n は次式で求められる。

$$\begin{cases} a_n = \dfrac{1}{\pi} \displaystyle\int_{-\pi}^{\pi} f(x) \cos nx \; dx & (n = 0, 1, 2, \cdots) \tag{5.70} \\[3mm] b_n = \dfrac{1}{\pi} \displaystyle\int_{-\pi}^{\pi} f(x) \sin nx \; dx & (n = 1, 2, \cdots) \tag{5.71} \end{cases}$$

5.3.4 項で確認したように，定義域 $I = [-\pi, \pi]$ において，三角関数系

$$\{1, \cos x, \sin x, \cos 2x, \sin 2x, \cdots, \cos nx, \sin nx, \cdots\} \tag{5.72}$$

は直交関数系であることから，任意の異なる 2 関数の内積（どれか二つの積の $-\pi$ から π までの積分）は 0 となる。

5.4.1 フーリエ係数の導出

ここでは，式 (5.69) の**フーリエ係数**（Fourier coefficient）の導出を行う。係数の計算には，5.3.4 項の三角関数の直交関係から得られた内積を用いる。

まず，式 (5.70) を導出する。式 (5.69) の両辺に $\cos nx$ を掛け $-\pi \sim \pi$ まで積分して係数 a_n を求めることができる。ただし，式 (5.69) 右辺第 2 項の和記号内の添え字 n は k に置き換えている。

$$\int_{-\pi}^{\pi} f(x) \cos nx \ dx$$

$$= \int_{-\pi}^{\pi} \left[\frac{a_0}{2} + \sum_{k=1}^{\infty} (a_k \cos kx + b_k \sin kx) \right] \cos nx \ dx$$

$$= \frac{a_0}{2} \int_{-\pi}^{\pi} \cos nx \ dx + \int_{-\pi}^{\pi} \left[\sum_{k=1}^{\infty} (a_k \cos kx + b_k \sin kx) \right] \cos nx \ dx$$

$$= \frac{a_0}{2} \int_{-\pi}^{\pi} \cos nx \ dx + \sum_{k=1}^{\infty} \left[a_k \int_{-\pi}^{\pi} \cos nx \cdot \cos kx \ dx \right.$$

$$\left. + b_k \int_{-\pi}^{\pi} \cos nx \cdot \sin kx \ dx \right]$$

$$= \frac{a_0}{2} \int_{-\pi}^{\pi} \cos nx \ dx + \sum_{k=1}^{\infty} \left[a_k \left(\cos nx, \ \cos kx \right) + b_k \left(\cos nx, \ \sin kx \right) \right]$$

$$= \begin{cases} \dfrac{a_0}{2} \times 2\pi = a_0\pi \qquad (n = 0) \\ (\text{第 1 項目のみ残り，第 2 項目の} \sum \text{は 0}) \\ a_n\pi \qquad (n \geqq 1) \\ (\text{第 1 項目は式 (5.58) より 0，第 2 項目の } k = n \text{ の } \cos^2 nx \text{ の項のみ残る}) \end{cases}$$

$$= \pi \cdot a_n \qquad (n \geqq 0) \tag{5.73}$$

$$\therefore \ a_n = \frac{1}{\pi} \int_{-\pi}^{\pi} f(x) \cos nx \ dx \tag{5.74}$$

つぎに，式 (5.71) を導出する。式 (5.69) の両辺に $\sin nx$ を掛け $-\pi \sim \pi$ まで積分する。ただし，式 (5.69) 右辺第 2 項の和記号内の添え字 n は k に置き換えている。

$$\int_{-\pi}^{\pi} f(x) \sin nx \ dx$$

$$= \int_{-\pi}^{\pi} \left[\frac{a_0}{2} + \sum_{k=1}^{\infty} (a_k \cos kx + b_k \sin kx) \right] \sin nx \ dx$$

$$= \frac{a_0}{2} \int_{-\pi}^{\pi} \sin nx\ dx + \sum_{k=1}^{\infty} \left[a_k \int_{-\pi}^{\pi} \sin nx \cdot \cos kx\ dx + b_k \int_{-\pi}^{\pi} \sin nx \cdot \sin kx\ dx \right]$$

$$= \frac{a_0}{2} \int_{-\pi}^{\pi} \sin nx\ dx + \sum_{k=1}^{\infty} \left[a_k (\sin nx,\ \cos kx) + b_k (\sin nx,\ \sin kx) \right]$$

（第 1 項目は 0，第 2 項目は $k = n$ のときの $\sin^2 nx$ の項のみ残る）

$$= \pi \cdot b_n \qquad (n \geqq 1) \tag{5.75}$$

$$\therefore\ \ b_n = \frac{1}{\pi} \int_{-\pi}^{\pi} f(x) \sin nx\ dx \tag{5.76}$$

以上の結果より，2π を周期とする周期関数 $f(x)$ を

$$f(x) = \frac{a_0}{2} + \sum_{n=1}^{\infty} (a_n \cos nx + b_n \sin nx) \tag{5.69：再掲}$$

と表すとき，係数 a_n，b_n は次式で求めることができる。

$$\begin{cases} a_n = \dfrac{1}{\pi} \displaystyle\int_{-\pi}^{\pi} f(x) \cos nx\ dx & (n = 0, 1, 2, \cdots) \qquad \text{(5.70：再掲)} \\[4mm] b_n = \dfrac{1}{\pi} \displaystyle\int_{-\pi}^{\pi} f(x) \sin nx\ dx & (n = 1, 2, \cdots) \qquad \text{(5.71：再掲)} \end{cases}$$

式 (5.70)，(5.71) で与えられた a_n，b_n を関数 $f(x)$ のフーリエ係数という。これらを係数にもつ三角級数式 (5.69) を $f(x)$ のフーリエ級数という。

したがって，式 (5.69)～(5.71) が示せた。

例題 5.3 関数 $f(x)$ を周期 2π の周期関数とする。関数 $f(x)$ のフーリエ級数展開は

$$f(x) = \sum_{n=0}^{\infty} (a_n{}' \cos nx + b_n \sin nx) \tag{5.77}$$

と表すことができる。このフーリエ係数 $a_n{}'$，b_n を三角関数の直交関係を用いて求めなさい。

【解答】

$$\left\{\sin nx\right\}_{(n=1,2,3\cdots)}, \left\{\cos nx\right\}_{(n=0,1,2,\cdots)}$$

は，区間 $I = [-\pi, \pi]$ で直交関数系をなしているのでその内積は，式 (5.53), (5.54) より

$$(\cos mx, \cos nx) = \int_{-\pi}^{\pi} \cos mx \cdot \cos nx dx = \alpha(n)\delta_{mn} \tag{5.78}$$

$$\therefore \quad \alpha(n) = \begin{cases} \int_{-\pi}^{\pi} 1 \cdot dx = 2\pi \quad\quad (m = n = 0) \tag{5.79} \\ \int_{-\pi}^{\pi} \cos^2 nx dx = \frac{1}{2}\int_{-\pi}^{\pi}(1 + \cos 2nx)dx \\ \quad\quad\quad = \pi \quad\quad (m = n \geqq 1) \tag{5.80} \end{cases}$$

$$(\sin mx, \sin nx) = \int_{-\pi}^{\pi} \sin mx \cdot \sin nx dx = \beta(n)\delta_{mn} \tag{5.81}$$

$$\therefore \quad \beta(n) = \begin{cases} \int_{-\pi}^{\pi} 0 \cdot dx = 0 \quad\quad (m = n = 0) \tag{5.82} \\ \int_{-\pi}^{\pi} \sin^2 mx dx = \frac{1}{2}\int_{-\pi}^{\pi}(1 - \cos 2mx)dx \\ \quad\quad\quad = \pi \quad\quad (m = n \geqq 1) \tag{5.83} \end{cases}$$

式 (5.77) の両辺に $\cos nx$ を掛け $-\pi \sim \pi$ まで積分して係数 a_n を求める過程を示す。

$$\int_{-\pi}^{\pi} f(x) \cos nx \, dx$$

$$= \int_{-\pi}^{\pi} \left[\sum_{k=0}^{\infty}\left(a_k{}' \cos kx + b_k \sin kx\right)\right] \cos nx \, dx$$

$$= \sum_{k=0}^{\infty}\left[a_k{}' \int_{-\pi}^{\pi} \cos kx \cdot \cos nx \, dx + b_k \int_{-\pi}^{\pi} \sin kx \cdot \cos nx \, dx\right]$$

$$= \sum_{k=0}^{\infty}\left[a_k{}' \left(\cos kx, \cos nx\right) + b_k \left(\sin kx, \cos nx\right)\right]$$

$$= a_n{}' \alpha(n)$$

$$a_n' = \frac{1}{\alpha(n)} \int_{-\pi}^{\pi} f(x) \cos nx \ dx$$

$$\therefore \quad a_n' = \begin{cases} \dfrac{1}{2\pi} \displaystyle\int_{-\pi}^{\pi} f(x) \ dx & (m = n = 0) & (5.84) \\[3mm] \dfrac{1}{\pi} \displaystyle\int_{-\pi}^{\pi} f(x) \cos nx \ dx & (m = n \geqq 1) & (5.85) \end{cases}$$

つぎに，式 (5.77) の両辺に $\sin nx$ を掛け $-\pi \sim \pi$ まで積分する。

$$\int_{-\pi}^{\pi} f(x) \sin nx \ dx$$

$$= \int_{-\pi}^{\pi} \left[\sum_{k=0}^{\infty} \left(a_k' \cos kx + b_k \sin kx \right) \right] \sin nx \ dx$$

$$= \sum_{k=0}^{\infty} \left[a_k' \int_{-\pi}^{\pi} \cos kx \cdot \sin nx \ dx + b_k \int_{-\pi}^{\pi} \sin kx \cdot \sin nx \ dx \right]$$

$$= \sum_{k=0}^{\infty} \left[a_k' \left(\cos kx, \sin nx \right) + b_k \left(\sin kx, \sin nx \right) \right]$$

$$= b_n \beta(n)$$

$$b_n = \frac{1}{\beta(n)} \int_{-\pi}^{\pi} f(x) \sin nx \ dx$$

$$\therefore \quad b_n = \begin{cases} 0 & (m = n = 0) & (5.86) \\[3mm] \dfrac{1}{\pi} \displaystyle\int_{-\pi}^{\pi} f(x) \sin nx \ dx & (m = n \geqq 1) & (5.87) \end{cases}$$

以上の結果より，2π を周期とする周期関数 $f(x)$ は

$$f(x) = \frac{a_0}{2} + \sum_{n=1}^{\infty} \left(a_n \cos nx + b_n \sin nx \right) \tag{5.88}$$

ここで

$$\begin{cases} a_n = \dfrac{1}{\pi} \displaystyle\int_{-\pi}^{\pi} f(x) \cos nx \ dx & (n = 0, 1, 2, \cdots) & (5.89) \\[3mm] b_n = \dfrac{1}{\pi} \displaystyle\int_{-\pi}^{\pi} f(x) \sin nx \ dx & (n = 1, 2, \cdots) & (5.90) \end{cases}$$

ただし

$$a_n = \begin{cases} 2a_0' & (n = 0) & (5.91) \\ a_n' & (n \geq 1) & (5.92) \end{cases}$$

$$\left(\because \quad a_0' = \text{式 } (5.84) = \frac{1}{2\pi} \int_{-\pi}^{\pi} f(x) \, dx = \frac{1}{2} \times \{\text{式 } (5.89)(n=0)\} = \frac{a_0}{2} \right)$$

◇

例題 5.4 区間 $[-\pi, \pi]$ で定義された $f(x) = x^2$ のフーリエ級数を求めなさい。

【解答】 $f(x) = x^2$ は偶関数である。奇関数である sin との積は奇関数となり，対称区間の積分は式 (5.71) より

$$b_n = \frac{1}{\pi} \int_{-\pi}^{\pi} f(x) \sin nx \, dx = \frac{1}{\pi} \int_{-\pi}^{\pi} x^2 \cdot \sin nx \, dx = 0 \qquad (5.93)$$

$$a_n = \frac{1}{\pi} \int_{-\pi}^{\pi} f(x) \cos nx \, dx = \frac{2}{\pi} \int_0^{\pi} x^2 \cdot \cos nx \, dx$$

$$= \frac{2}{\pi} \left\{ \left[\frac{x^2 \cdot \sin nx}{n} \right]_0^{\pi} - \frac{2}{n} \int_0^{\pi} x \cdot \sin nx \, dx \right\} \qquad (\text{第 1 項目は } 0)$$

$$= -\frac{4}{n\pi} \int_0^{\pi} x \cdot \sin nx \, dx$$

$$= -\frac{4}{n\pi} \left\{ -\left[\frac{x \cdot \cos nx}{n} \right]_0^{\pi} + \frac{1}{n} \int_0^{\pi} \cos nx \, dx \right\}$$

$$= -\frac{4}{n\pi} \left\{ -\left[\frac{x \cdot \cos nx}{n} \right]_0^{\pi} + \frac{1}{n^2} \left[\sin nx \right]_0^{\pi} \right\} \qquad (\text{第 2 項目は } 0)$$

$$= \frac{4}{n^2} \cos n\pi$$

$$= (-1)^n \frac{4}{n^2} \qquad (n \geq 1) \qquad (5.94)$$

つぎに，式 (5.70) に $n = 0$ を代入して a_0 を計算すると

$$a_0 = \frac{1}{\pi} \int_{-\pi}^{\pi} f(x) \cos(0 \cdot x) \, dx = \frac{1}{\pi} \int_{-\pi}^{\pi} x^2 \, dx = \frac{2}{3} \pi^2 \qquad (5.95)$$

したがって，式 (5.93)〜(5.95) より

$$\therefore \quad f(x) = \frac{a_0}{2} + \sum_{n=1}^{\infty} a_n \cos nx$$

$$= \frac{\pi^2}{3} + \sum_{n=1}^{\infty} (-1)^n \frac{4}{n^2} \cos nx \tag{5.96}$$

ここで，$f(x) = x^2$ のフーリエ級数式 (5.96) の $n = 10$ までの部分和を図 **5.4** に示す．そして，$f(x) = x^2$ とフーリエ級数式 (5.96) の $n = 10$ までの部分和との誤差を図 **5.5** に示す．

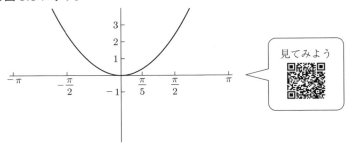

図 **5.4** $f(x) = x^2$ のフーリエ級数の $n = 10$ までの部分和

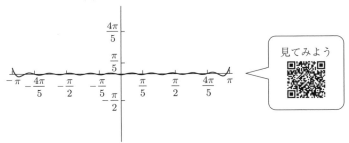

図 **5.5** $f(x) = x^2$ とそのフーリエ級数の $n = 10$ までの部分和との誤差 ◇

例題 5.5 区間 $[-\pi, \pi]$ で定義された $f(x) = x$ のフーリエ級数を求めなさい．

【解答】 $f(x) = x$ は奇関数である．偶関数である cos との積は奇関数となり，対称区間の積分は 0 となる．したがって，式 (5.70) より

$$a_n = \frac{1}{\pi} \int_{-\pi}^{\pi} f(x) \cos nx \, dx = \frac{1}{\pi} \int_{-\pi}^{\pi} x \cdot \cos nx \, dx = 0 \tag{5.97}$$

となる。b_n は式 (5.71) よりつぎのように求められる。

$$b_n = \frac{1}{\pi} \int_{-\pi}^{\pi} f(x) \sin nx \, dx$$

$$= \frac{2}{\pi} \int_0^{\pi} x \cdot \sin nx \, dx$$

$$= \frac{2}{\pi} \left\{ -\left[\frac{x \cos nx}{n} \right]_0^{\pi} + \frac{1}{n} \int_0^{\pi} \cos nx \, dx \right\}$$

（第 2 項目の定積分は式 (5.58) より 0）

$$= \frac{2}{\pi} \left\{ -\frac{\pi \cos n\pi}{n} \right\}$$

$$= -\frac{2}{n} \cos n\pi \tag{5.98}$$

$$= (-1)^{n-1} \frac{2}{n} \qquad (n \geq 1) \tag{5.99}$$

ここで，式 (5.98) で $n = 1 \sim 4$ を計算してみると

$$b_1 = -\frac{2}{1} \cos \pi = \frac{2}{1}$$

$$b_2 = -\frac{2}{2} \cos 2\pi = -\frac{2}{2}$$

$$b_3 = -\frac{2}{3} \cos 3\pi = \frac{2}{3}$$

$$b_4 = -\frac{2}{4} \cos 4\pi = -\frac{2}{4}$$

$$\vdots$$

となり，奇数のときは符号が $+$，偶数のとき符号は $-$ となっている。したがって，式 (5.99) の表記が確認できる。

$$\therefore \quad f(x) = b_1 \sin x + b_2 \sin 2x + b_3 \sin 3x + b_4 \sin 4x + \cdots$$

$$= 2 \left\{ \sin x - \frac{1}{2} \sin 2x + \frac{1}{3} \sin 3x - \cdots + (-1)^{n-1} \frac{1}{n} \sin nx + \cdots \right\}$$

$$= 2 \sum_{n=1}^{\infty} (-1)^{n-1} \frac{\sin nx}{n} \tag{5.100}$$

ここで，$f(x) = x$ のフーリエ級数式 (5.100) の $n = 15$ までの部分和を図 **5.6** に示す。そして，$f(x) = x$ とフーリエ級数式 (5.100) の $n = 15$ までの部分和との誤差を図 **5.7** に示す。

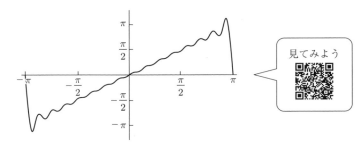

図 **5.6**　$f(x) = x$ のフーリエ級数の $n = 15$ までの部分和

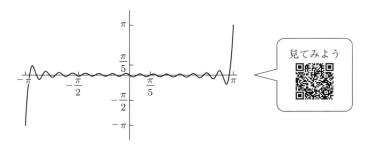

図 **5.7**　$f(x) = x$ とそのフーリエ級数の $n = 15$ までの部分和との誤差

5.4.2　偶関数と奇関数のフーリエ級数

例題 5.4 の $f(x) = x^2$ は偶関数であり，フーリエ係数 $b_n = 0$ $(n = 0, 1, 2, \cdots)$ であった。また，例題 5.5 の $f(x) = x$ は奇関数であり，フーリエ係数 $a_n = 0$ $(n = 0, 1, 2, \cdots)$ であった。これは，$\sin nx$ $(n = 1, 2, \cdots)$ が奇関数であり，$\cos nx$ $(n = 1, 2, \cdots)$ が偶関数であることと，5.2 節で得られた，関数の対称性としての偶関数と奇関数の特徴から理解できる。そして，つぎの**フーリエ余弦級数**（Fourier cosine series）と**フーリエ正弦級数**（Fourier sine series）の定理が得られる。

定理 5.7 （フーリエ余弦級数とフーリエ正弦級数）

1)　関数 $f(x)$ が偶関数ならば

$$f(x) = \frac{a_0}{2} + \sum_{n=1}^{\infty} a_n \cos nx \tag{5.101}$$

$$a_n = \frac{2}{\pi} \int_0^{\pi} f(x) \cos nx \; dx \qquad (n = 1, 2, \cdots) \tag{5.102}$$

となる。

2)　関数 $f(x)$ が奇関数ならば

$$f(x) = \sum_{n=1}^{\infty} b_n \sin nx \tag{5.103}$$

$$b_n = \frac{2}{\pi} \int_0^{\pi} f(x) \sin nx \; dx \qquad (n = 1, 2, \cdots) \tag{5.104}$$

となる。

証明 　$f(x)$ のフーリエ級数は下記のように表される。

$$f(x) = \frac{a_0}{2} + \sum_{n=1}^{\infty} (a_n \cos nx + b_n \sin nx) \tag{5.69：再掲}$$

ここで

式 (5.69) の係数 $\begin{cases} a_n = \dfrac{1}{\pi} \displaystyle\int_{-\pi}^{\pi} f(x) \cos nx \; dx & (n = 0, 1, 2, \cdots) \\ & \text{(5.70：再掲)} \\ b_n = \dfrac{1}{\pi} \displaystyle\int_{-\pi}^{\pi} f(x) \sin nx \; dx & (n = 1, 2, \cdots) \\ & \text{(5.71：再掲)} \end{cases}$

ここで，定義域 $I = [-\pi, \pi]$ において，三角関数系

$$\{\cos nx\}_{n=0,1,2,\cdots} \quad \text{偶関数} \tag{5.105}$$

$$\{\sin nx\}_{n=1,2,\cdots} \quad \text{奇関数} \tag{5.106}$$

である。

1) **関数 $f(x)$ が偶関数のとき**　5.2.3 項の偶関数と奇関数の性質 2 から $f(x)\cos nx$ は偶関数となり，性質 3 の式 (5.44) より，式 (5.70) は

$$a_n = \frac{1}{\pi}\int_{-\pi}^{\pi} f(x)\cos nx \; dx$$

$$= \frac{2}{\pi}\int_{0}^{\pi} f(x)\cos nx \; dx \qquad (n = 0, 1, 2, \cdots) \tag{5.107}$$

同様に，偶関数と奇関数の性質 2 から $f(x)\sin nx$ は奇関数となり，性質 3 の式 (5.44) より，式 (5.71) は

$$b_n = \frac{1}{\pi}\int_{-\pi}^{\pi} f(x)\sin nx \; dx = 0 \qquad (n = 1, 2, \cdots) \tag{5.108}$$

したがって，式 (5.107) と式 (5.108) を，式 (5.69) へ代入すると

$$f(x) = \frac{a_0}{2} + \sum_{n=1}^{\infty} a_n \cos nx$$

$$a_n = \frac{2}{\pi}\int_{0}^{\pi} f(x)\cos nx \; dx \qquad (n = 1, 2, \cdots)$$

と，式 (5.101) と式 (5.102) が得られる。

2) **関数 $f(x)$ が奇関数のとき**　5.2.3 項の偶関数と奇関数の性質 2 から $f(x)\cos nx$ は奇関数となり，性質 3 の式 (5.44) より，式 (5.70) は

$$a_n = \frac{1}{\pi}\int_{-\pi}^{\pi} f(x)\cos nx \; dx = 0 \qquad (n = 0, 1, 2, \cdots) \tag{5.109}$$

同様に，偶関数と奇関数の性質 2 から $f(x)\sin nx$ は偶関数となり，性質 3 の式 (5.44) より，式 (5.71) は

$$b_n = \frac{1}{\pi}\int_{-\pi}^{\pi} f(x)\sin nx \; dx$$

$$= \frac{2}{\pi}\int_{0}^{\pi} f(x)\sin nx \; dx \qquad (n = 1, 2, \cdots) \tag{5.110}$$

したがって，式 (5.109) と式 (5.110) を，式 (5.69) へ代入すると

$$f(x) = \sum_{n=1}^{\infty} b_n \sin nx$$

$$b_n = \frac{2}{\pi}\int_{0}^{\pi} f(x)\sin nx \; dx \qquad (n = 1, 2, \cdots)$$

と，式 (5.103) と式 (5.104) が得られる。

$\therefore$　$f(x)$ が偶関数のときと奇関数のときの証明ができた。　　　　　　□

5.4.3　任意の 2π 区間 $I = [c, c + 2\pi]$ のフーリエ級数

ここまでは，周期 2π の関数 $f(x)$ を区間 $I = [-\pi, \pi]$ についてフーリエ級数展開する方法を考えてきた。では，区間 $I = [0, 2\pi]$ のときはどうなるか考えてみよう。

周期 T のとき，任意定数 c とすると，定理 5.6 の式 (5.38)

$$\int_0^T f(x)dx = \int_c^{c+T} f(x)dx \qquad\qquad (5.38：再掲)$$

となっていた。式 (5.38) に周期 $T = 2\pi$ を代入すると

$$\int_0^{2\pi} f(x)dx = \int_c^{c+2\pi} f(x)dx \qquad\qquad (5.111)$$

となる。5.3.4 項では，区間 $I = [-\pi, \pi]$ での sin と cos の直交関係を調べ，式 (5.60)〜(5.62)，(5.66)〜(5.68) を確認した。この関係は，式 (5.38) より，任意の区間 $I = [c, c + 2\pi]$ で成立する。つまり

$$(\cos mx, \cos nx) = \int_c^{c+2\pi} \cos mx \cdot \cos nx \; dx$$

$$= \begin{cases} 2\pi & (m = n = 0) \\ \pi & (m = n, \; m, n > 0) \\ 0 & (m \neq n, \; m, n \geqq 0) \end{cases} \qquad (5.112)$$

$$(\sin mx, \sin nx) = \int_c^{c+2\pi} \sin mx \cdot \sin nx \; dx$$

$$= \begin{cases} \pi & (m = n, \; m, n > 0) \\ 0 & (m \neq n, \; m, n \geqq 0) \end{cases} \qquad (5.113)$$

$$(\cos mx, \sin nx) = \int_c^{c+2\pi} \cos mx \cdot \sin nx \; dx = 0 \qquad (m, n > 0)$$

$$\qquad\qquad\qquad (5.114)$$

したがって，周期 2π の $f(x)$ の任意の区間 $I = [c, c + 2\pi]$ でのフーリエ級数

$$f(x) = \frac{a_0}{2} + \sum_{n=1}^{\infty} (a_n \cos nx + b_n \sin nx) \qquad (5.115)$$

のフーリエ係数は

$$
\begin{cases}
a_n = \dfrac{1}{\pi} \displaystyle\int_c^{c+2\pi} f(x)\cos nx\,dx & (n = 0, 1, 2, \cdots) \quad (5.116) \\[3mm]
b_n = \dfrac{1}{\pi} \displaystyle\int_c^{c+2\pi} f(x)\sin nx\,dx & (n = 1, 2, \cdots) \quad (5.117)
\end{cases}
$$

と表される。式 (5.116), (5.117) で $c = -\pi$ を代入すると, これまで述べてきた 5.4.2 項までの区間 $I = [-\pi, \pi]$ となる。

したがって, 周期 $T = 2\pi$ の関数 $f(x)$ の区間 $I = [0, 2\pi]$ での, フーリエ級数は, $c = 0$ とおくことで, フーリエ係数が

$$
\begin{cases}
a_n = \dfrac{1}{\pi} \displaystyle\int_0^{2\pi} f(x)\cos nx\,dx & (n = 0, 1, 2, \cdots) \quad (5.118) \\[3mm]
b_n = \dfrac{1}{\pi} \displaystyle\int_0^{2\pi} f(x)\sin nx\,dx & (n = 1, 2, \cdots) \quad (5.119)
\end{cases}
$$

と表される。

例題 5.6　区間 $[0, 2\pi]$ で定義された矩形波 $f(x)$ のフーリエ級数を求めなさい。

$$
f(x) = \begin{cases} 1 & (0 \leqq x < \pi) \\ 0 & (\pi \leqq x < 2\pi) \end{cases}
$$

【解答】　まず, 式 (5.118) より, $n = 0$ のとき a_0 を計算する。

$$
a_0 = \frac{1}{\pi} \int_0^{2\pi} f(x)\cos 0x\,dx = \frac{1}{\pi} \int_0^\pi dx = 1 \quad (5.120)
$$

つぎに, 式 (5.118) より, $n \neq 0$ のとき a_n と b_n を計算する。

$$
\begin{aligned}
a_n &= \frac{1}{\pi} \int_0^{2\pi} f(x)\cos nx\,dx = \frac{1}{\pi} \int_0^\pi \cos nx\,dx \\
&= \frac{1}{n\pi} \Big[\sin nx \Big]_0^\pi = 0 \quad (5.121)
\end{aligned}
$$

$$b_n = \frac{1}{\pi} \int_0^{2\pi} f(x) \sin nx \; dx = \frac{1}{\pi} \int_0^{\pi} \sin nx \; dx$$

$$= -\frac{1}{n\pi} \Big[\cos nx \Big]_0^{\pi}$$

$$= -\frac{1}{n\pi} \big\{ (-1)^n - 1 \big\}$$

$$= \begin{cases} \dfrac{2}{n\pi} & (n：奇数) \\ 0 & (n：偶数) \end{cases} \tag{5.122}$$

したがって，式 (5.115) に，式 (5.120)〜(5.122) を代入する。

$$\therefore \quad f(x) = \frac{a_0}{2} + b_1 \sin x + b_3 \sin 3x + b_5 \sin 5x + \cdots$$

$$= \frac{1}{2} + \frac{2}{\pi} \bigg\{ \sin x + \frac{1}{3} \sin 3x + \frac{1}{5} \sin 5x + \cdots$$

$$+ \frac{1}{2n-1} \sin(2n-1)x + \cdots \bigg\}$$

$$= \frac{1}{2} + \frac{2}{\pi} \sum_{n=1}^{\infty} \frac{1}{2n-1} \sin(2n-1)x \tag{5.123}$$

ここで，$f(x)$ とフーリエ級数式 (5.123) の $n = 15$ までの部分和を図 **5.8** に示す。そして，$f(x)$ とフーリエ級数式 (5.123) の $n = 15$ までの部分和との誤差を図 **5.9** に示す。

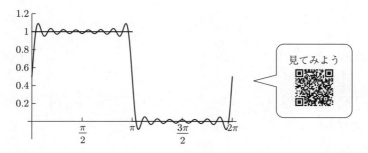

図 5.8 矩形波 $f(x)$ とそのフーリエ級数式 (5.123) の $n = 15$ までの部分和

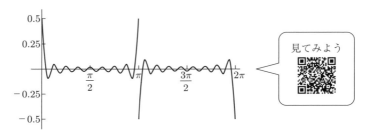

図 5.9 矩形波 $f(x)$ とそのフーリエ級数式 (5.123) の $n = 15$ までの部分和との誤差

◇

5.4.4 任意の周期：$T = 2L$ への応用

基本周期 $2L$ の周期関数 $f(x) = f(x+2L)$ のフーリエ級数を考える。5.1.1 項で学んだ，周期関数の性質 3 の式 (5.33) を用いることができる。

$$\text{変数変換 } x = \frac{L}{\pi}t \qquad\qquad (5.33：再掲)$$

つまり，変数 t を導入すると，式 (5.34) より，$f\left(\dfrac{L}{\pi}t\right)$ は周期 $T = 2\pi$ の周期関数となる。では，実際に x が 0 から $2L$ まで変化したときの t の値の変化を調べてみると，式 (5.33) より

$$
\begin{array}{c|ccc}
x & 0 & \longrightarrow & 2L \\
\hline
t & 0 & \longrightarrow & 2\pi
\end{array}
$$

となる。それでは

$$f(x) = f\left(\frac{L}{\pi}t\right) \qquad\qquad (5.124)$$

で考えてみる。周期 $T = 2\pi$ となった式 (5.124) の右辺 $f\left(\dfrac{L}{\pi}t\right)$ のフーリエ級数は，式 (5.69) より

$$f\left(\frac{L}{\pi}t\right) = \frac{a_0}{2} + \sum_{n=1}^{\infty} (a_n \cos nt + b_n \sin nt) \qquad\qquad (5.125)$$

となる。ここで，式 (5.33) の両辺を微分しておくと

$$dx = \frac{L}{\pi}dt \iff dt = \frac{\pi}{L}dx \tag{5.126}$$

となる。式 (5.125) のフーリエ係数 a_n は，式 (5.70) に式 (5.33)，(5.126) を代入すると

$$
\begin{aligned}
a_n &= \frac{1}{\pi}\int_{-\pi}^{\pi} f\left(\frac{L}{\pi}t\right)\cos nt\ dt \\
&= \frac{1}{L}\int_{-L}^{L} f(x)\cos\frac{n\pi}{L}x\ dx
\end{aligned}
\tag{5.127}
$$

となる。同様に，式 (5.125) のフーリエ係数 b_n は，式 (5.71) に式 (5.33)，(5.126) を代入すると

$$
\begin{aligned}
b_n &= \frac{1}{\pi}\int_{-\pi}^{\pi} f\left(\frac{L}{\pi}t\right)\sin nt\ dt \\
&= \frac{1}{L}\int_{-L}^{L} f(x)\sin\frac{n\pi}{L}x\ dx
\end{aligned}
\tag{5.128}
$$

したがって，つぎの定理が得られる。

定理 5.8　（**任意周期のフーリエ級数**）　周期 $2L$ の周期関数 $f(x)$ のフーリエ級数は

$$f(x) = \frac{a_0}{2} + \sum_{n=1}^{\infty}\left(a_n\cos\frac{n\pi}{L}x + b_n\sin\frac{n\pi}{L}x\right) \tag{5.129}$$

となり，そのフーリエ係数は以下となる。

$$
\begin{cases}
a_n = \dfrac{1}{L}\displaystyle\int_{-L}^{L} f(x)\cos\dfrac{n\pi x}{L}\ dx & (n = 0,1,2,\cdots) \quad (5.130) \\[4mm]
b_n = \dfrac{1}{L}\displaystyle\int_{-L}^{L} f(x)\sin\dfrac{n\pi x}{L}\ dx & (n = 1,2,\cdots) \quad\ \ (5.131)
\end{cases}
$$

また，5.4.3 項での考察から任意定数 c に対して，区間 $I = [c, c+2L]$ での区間でのフーリエ係数は以下となる。

$$
\begin{cases}
a_n = \dfrac{1}{L} \displaystyle\int_c^{c+2L} f(x) \cos \dfrac{n\pi x}{L}\, dx \qquad (n = 0, 1, 2, \cdots) & (5.132) \\[4mm]
b_n = \dfrac{1}{L} \displaystyle\int_c^{c+2L} f(x) \sin \dfrac{n\pi x}{L}\, dx \qquad (n = 1, 2, \cdots) & (5.133)
\end{cases}
$$

5.5　複素フーリエ級数

5.4 節の式 (5.69), (5.70), (5.71) は

$$
f(x) = \frac{a_0}{2} + \sum_{n=1}^{\infty} (a_n \cos nx + b_n \sin nx) \tag{5.69：再掲}
$$

式 (5.69) の係数：

$$
\begin{cases}
a_n = \dfrac{1}{\pi} \displaystyle\int_{-\pi}^{\pi} f(x) \cos nx\, dx \qquad (n = 0, 1, 2, \cdots) & (5.70：再掲) \\[4mm]
b_n = \dfrac{1}{\pi} \displaystyle\int_{-\pi}^{\pi} f(x) \sin nx\, dx \qquad (n = 1, 2, \cdots) & (5.71：再掲)
\end{cases}
$$

となっていた。一見すると，フーリエ級数は sin と cos からなる無限級数という複雑な形となっている。ここでは，実用性を考えて，もっと簡潔に表現する方法を考える。

5.5.1　フーリエ係数の複素形式

式 (5.70), (5.71) のフーリエ係数を，定理 5.1 のオイラーの定理と定理 5.2 のド・モアブルの定理を用いて複素形式に書き直す。

$$
\cos nx = \frac{e^{inx} + e^{-inx}}{2} \tag{5.134}
$$

$$
\sin nx = \frac{e^{inx} - e^{-inx}}{2i} \tag{5.135}
$$

式 (5.134) と式 (5.135) を式 (5.69) に代入する。

$$
f(x) = \frac{a_0}{2} + \sum_{n=1}^{\infty} \left\{ \frac{1}{2}(a_n - ib_n)e^{inx} + \frac{1}{2}(a_n + ib_n)e^{-inx} \right\} = \sum_{n=-\infty}^{\infty} c_n e^{inx}
$$

$$
\tag{5.136}
$$

$$c_n = \frac{1}{2\pi} \int_{-\pi}^{\pi} f(x)e^{-inx}dx \tag{5.137}$$

これを**複素フーリエ級数**（complex Fourier series）といい，c_n を**複素フーリエ係数**（complex Fourier coefficient）という。ただし

$$c_n = \begin{cases} \dfrac{a_n + ib_n}{2} & (n < 0, \ n \in \mathbb{Z}) \\[2mm] \dfrac{a_0}{2} & (n = 0) \\[2mm] \dfrac{a_n - ib_n}{2} & (n > 0, \ n \in \mathbb{Z}) \end{cases} \tag{5.138}$$

である。フーリエ係数を複素形式で表した式 (5.137) は，指数関数であるため微分演算などの解析的計算が簡単となる利点がある。

5.5.2 任意の周期：$T = 2L$ の場合

さらに，基本周期 $2L$ の周期関数 $f(x)$ の複素フーリエ級数も 5.1.1 項で学んだ，周期関数の性質 3 を用いることで同様に考えることができる。

$$f(x) = \sum_{n=-\infty}^{\infty} c_n e^{\frac{in\pi}{L}x} \tag{5.139}$$

$$c_n = \frac{1}{2L} \int_{-L}^{L} f(x)e^{-\frac{in\pi}{L}x}dx \tag{5.140}$$

※注意：ここでは，虚数単位 $i = \sqrt{-1}$ を用いている。しかし，電気回路や電子回路では電流 i と混同を避けるため虚数単位として $j = \sqrt{-1}$ が用いられている。

5.6 フーリエ級数の収束性

5.6.1 不連続関数のフーリエ級数

5.4 節では滑らかな関数 $f(x)$ が与えられたとき，形式的に係数を計算し，そのフーリエ級数を求める方法を述べ，いくつかの例題を実践的に求めた。ここ

では，**不連続関数** (discontinuous function) のフーリエ級数を求める方法を考
える．例題 5.6 では，$x = \pi$ において

$$f(\pi - 0) = \lim_{x \to \pi - 0} f(x) = \pi \qquad \text{左側極限}$$

$$f(\pi + 0) = \lim_{x \to \pi + 0} f(x) = 0 \qquad \text{右側極限}$$

$$\lim_{x \to \pi - 0} f(x) \neq \lim_{x \to \pi + 0} f(x)$$

となり，$f(\pi)$ で不連続となっているが，形式的に計算してフーリエ級数を求め
た．この例題では，$x = \pi$ でのフーリエ級数の値を

$$f(\pi) = \frac{f(\pi - 0) + f(\pi + 0)}{2} \tag{5.141}$$

としている．この例題を拡張することで，区間 $I = [a, b]$ で有限個の**不連続点**
(discontinuity point) をもつ滑らかな関数 $f(x)$† とその導関数 $f'(x)$ が区間内
で連続のとき，つぎの定理が成り立つ．

定理 5.9 （**不連続関数のフーリエ級数**）　　周期 $2L$ の区間 $I = [a, b]$ 内で
区分的に滑らかな関数 $f(x)$ と，その区分的に滑らかな区間の $f'(x)$ が連
続とする．有限個の不連続点を x_0 とする．このとき，$f(x)$ のフーリエ級
数は収束し式 (5.142)，(5.143) で表される．ただし，$f(x)$ は積分可能であ
り，級数の項別積分を可能とする．

$$f(x) = \begin{cases} \dfrac{a_0}{2} + \displaystyle\sum_{n=1}^{\infty} \left(a_n \cos \dfrac{n\pi}{L} x + b_n \sin \dfrac{n\pi}{L} x \right) & \text{(5.142)} \\[2mm] \qquad\qquad\qquad (a \leq x \leq b \wedge x \neq x_0) \\[2mm] \dfrac{f(x_0 - 0) + f(x_0 + 0)}{2} & (x_0 : \text{不連続点}, \ a \leq x_0 \leq b) \\[2mm] \hfill \text{(5.143)} \end{cases}$$

ここで，式 (5.142) の a_n，b_n は

---

†　$f(x)$ が滑らかということは，その区間内で $f'(x)$ が連続ということである．

$$
\begin{cases}
a_n = \dfrac{1}{L} \displaystyle\int_{-L}^{L} f(x) \cos \dfrac{n\pi x}{L}\, dx \qquad (n = 0, 1, 2, \cdots) & (5.144) \\[4mm]
b_n = \dfrac{1}{L} \displaystyle\int_{-L}^{L} f(x) \sin \dfrac{n\pi x}{L}\, dx \qquad (n = 1, 2, \cdots) & (5.145)
\end{cases}
$$

$$
ただし,\ \ L = \frac{b-a}{2} \tag{5.146}
$$

である。

この定理の証明に必要な定理などを 5.6.2 項，5.6.3 項で示したあとに，この定理 5.9 の式 (5.142) を 5.6.4 項で式 (5.143) を 5.6.5 項で証明する。

5.6.2 ベッセルの不等式

5.3.3 項の区間 $I = [a, b]$ で正規直交関数列 $\{\phi_n(x)\}_{n=0,1,2,\cdots}$ と関数 $f(x)$ が定義されているとする。$f(x)$ が

$$
f(x) = \sum_{n=0}^{\infty} c_n \phi_n(x) \tag{5.147}
$$

と級数展開可能とする。式 (5.147) の係数 c_n は，式 (5.53) と正規直交していることより，つぎの内積演算で求めることができる。

$$
\begin{aligned}
(f(x),\ \phi_n(x)) &= \left(\sum_{k=0}^{\infty} c_k \phi_k(x),\ \phi_n(x) \right) \\
&= \sum_{k=0}^{\infty} c_k \left(\phi_k(x), \phi_n(x) \right) = c_n
\end{aligned} \tag{5.148}
$$

なお，正規直交関数列なので以下の内積演算を用いている。

$$
(\phi_k(x), \phi_n(x)) = \int_a^b \phi_k(x) \phi_n(x) dx = \delta_{kn} = \begin{cases} 1 & (k = n) \\ 0 & (k \neq n) \end{cases} \tag{5.149}
$$

ここで，式 (5.147) の第 n 項までの部分和を s_n とする。

$$s_n = \sum_{k=0}^{n} c_k \phi_k(x) \tag{5.150}$$

ここで，つぎの積分を計算する。

$$S = \int_a^b [f(x) - s_n]^2 dx \tag{5.151}$$

式 (5.151) に式 (5.150) を代入して，内積表現を用いて式 (5.149) の関係を用いながら変形すると

$$S = \int_a^b \left[f(x) - \sum_{k=0}^{n} c_k \phi_k(x) \right]^2 dx$$

$$= \int_a^b \left[\{f(x)\}^2 - 2f(x) \sum_{k=0}^{n} c_k \phi_k(x) + \left\{ \sum_{k=0}^{n} c_k \phi_k(x) \right\}^2 \right] dx$$

$$= (f(x), f(x)) - 2 \sum_{k=0}^{n} c_k (f(x), \phi_k(x))$$

$$+ \left\{ \sum_{k=0}^{n} c_k{}^2 (\phi_k(x), \phi_k(x)) + \sum_{\substack{k,j=0 \\ k \neq j}}^{n} c_k c_j (\phi_k(x), \phi_j(x)) \right\}$$

$$= (f(x), f(x)) - 2 \sum_{k=0}^{n} c_k{}^2 + \sum_{k=0}^{n} c_k{}^2$$

$$= (f(x), f(x)) - \sum_{k=0}^{n} c_k{}^2 < +\infty \tag{5.152}$$

$S \geqq 0$ かつ内積の性質 4) より $(f(x), f(x)) \geqq 0$ なので，式 (5.152) は

$$S = (f(x), f(x)) - \sum_{k=0}^{n} c_k{}^2 \geqq 0$$

$$+\infty > (f(x), f(x)) \geqq \sum_{k=0}^{n} c_k{}^2 \geqq 0 \tag{5.153}$$

したがって，式 (5.153) で n を無限大にした無限級数の和は絶対収束して

$$+\infty > (f(x), f(x)) \geq \sum_{k=0}^{\infty} c_k{}^2 \geq 0 \tag{5.154}$$

となる。式 (5.154) を**ベッセルの不等式** (Bessel's inquality) と呼ぶ。したがって，$\displaystyle\sum_{n=0}^{\infty} c_n$ も収束する。すると，3.1 節の無限級数の性質 3 から

$$\lim_{n\to\infty} c_n = 0 \tag{5.155}$$

が得られる。

（**1**）**パーセバルの等式**　5.6.2 項では，$f(x)$ を正規直交関数列 $\{\phi_n(x)\}_{n=1,2,\cdots}$ 展開したときの係数の性質について調べ，ベッセルの不等式 (5.154) を得た。ここで，任意の関数 $f(x)$ に対して

$$\sum_{k=0}^{\infty} c_k{}^2 = (f(x), f(x)) \tag{5.156}$$

が成り立てば，正規直交関数列 $\{\phi_n(x)\}$ は**完備** (complete) であるという。そして，式 (5.156) を**パーセバルの等式** (Parseval's equation) あるいは**完備条件** (complete condition) という。

（**2**）**フーリエ級数におけるベッセルの不等式**　つぎに，周期 2π で区間 $I = [-\pi, \pi]$ の $f(x)$ のフーリエ級数にこのベッセルの不等式を当てはめてみる。

$$f(x) = \frac{a_0}{2} + \sum_{n=1}^{\infty} (a_n \cos nx + b_n \sin nx) \tag{5.69：再掲}$$

フーリエ級数の第 n 項までの部分和を

$$s_n = \frac{a_0}{2} + \sum_{k=1}^{n} (a_k \cos kx + b_k \sin kx) \tag{5.157}$$

として，つぎの積分 S を計算する。

$$\begin{aligned} S &= \int_{-\pi}^{\pi} [f(x) - s_n]^2 \, dx \geq 0 \\ &= \int_{-\pi}^{\pi} \left[\{f(x)\}^2 - 2f(x)s_n + s_n{}^2 \right] dx \end{aligned}$$

$$= \int_{-\pi}^{\pi} \{f(x)\}^2 dx - 2\int_{-\pi}^{\pi} f(x)s_n dx + \int_{-\pi}^{\pi} s_n^2 dx$$

$$= (f(x), f(x)) - 2\int_{-\pi}^{\pi} f(x)s_n dx + \int_{-\pi}^{\pi} s_n^2 dx \tag{5.158}$$

式 (5.158) の右辺第 2 項を計算すると

$$-2\int_{-\pi}^{\pi} f(x)s_n dx$$

$$= -2\int_{-\pi}^{\pi} f(x)\left\{\frac{a_0}{2} + \sum_{k=1}^{n}(a_k \cos kx + b_k \sin kx)\right\} dx$$

$$= -a_0 \int_{-\pi}^{\pi} f(x)dx \quad \longleftarrow \text{式 (5.70) で } n = 0 \text{ なので定積分は } a_0\pi$$

$$\quad - 2\sum_{k=1}^{n} a_k \int_{-\pi}^{\pi} f(x)\cos kx\ dx \quad \longleftarrow \text{式 (5.70) から定積分は } a_k\pi$$

$$\quad - 2\sum_{k=1}^{n} b_k \int_{-\pi}^{\pi} f(x)\sin kx\ dx \quad \longleftarrow \text{式 (5.71) から定積分は } b_k\pi$$

$$= -a_0^2 - 2\pi\sum_{k=1}^{n}(a_k^2 + b_k^2) \tag{5.159}$$

式 (5.158) の右辺第 3 項を式 (5.57) の三角関数系の直交を考えて直交する組み合わせの内積が 0 となることを用いて計算すると

$$\int_{-\pi}^{\pi} s_n^2 dx = \int_{-\pi}^{\pi}\left\{\frac{a_0}{2} + \sum_{k=1}^{n}(a_k \cos kx + b_k \sin kx)\right\}^2 dx$$

$$= \frac{a_0^2}{4}\int_{-\pi}^{\pi} dx$$

$$\quad + \sum_{k=1}^{n} a_k^2(\cos kx, \cos kx) \quad \longleftarrow \text{式 (5.61) より内積部分は } \pi$$

$$\quad + \sum_{k=1}^{n} b_k^2(\sin kx, \sin kx) \quad \longleftarrow \text{式 (5.66) より内積部分は } \pi$$

$$= \frac{a_0^2\pi}{2} + \pi\sum_{k=1}^{n}(a_k^2 + b_k^2) \tag{5.160}$$

したがって，式 (5.158) に式 (5.159)，(5.160) を代入すると

$$S = \int_{-\pi}^{\pi} [f(x) - s_n]^2 \, dx \geqq 0$$

$$= \int_{-\pi}^{\pi} \{f(x)\}^2 dx - \pi \left\{ \frac{a_0^2}{2} + \sum_{k=1}^{n} (a_k^2 + b_k^2) \right\} \geqq 0 \tag{5.161}$$

ベッセルの不等式を導出と同様に，式 (5.161) を変形すると

$$\int_{-\pi}^{\pi} \{f(x)\}^2 dx \geqq \pi \left\{ \frac{a_0^2}{2} + \sum_{k=1}^{n} (a_k^2 + b_k^2) \right\} \geqq 0 \tag{5.162}$$

となる。式 (5.162) で n を無限大にした無限級数の和は絶対収束して

$$\frac{1}{\pi} \int_{-\pi}^{\pi} \{f(x)\}^2 dx \geqq \frac{a_0^2}{2} + \sum_{k=1}^{\infty} (a_k^2 + b_k^2) \geqq \sum_{k=1}^{\infty} a_k^2 + \sum_{k=1}^{\infty} b_k^2 \geqq 0 \tag{5.163}$$

となる。

$$\sum_{k=1}^{\infty} a_k^2 : 絶対収束 \tag{5.164}$$

$$\sum_{k=1}^{\infty} b_k^2 : 絶対収束 \tag{5.165}$$

すると，式 (5.164) および式 (5.165) は 3.1 節の無限級数の性質 3 から，a_n の式 (5.70) は

$$\lim_{n \to \infty} a_n = \lim_{n \to \infty} \left\{ \frac{1}{\pi} \int_{-\pi}^{\pi} f(x) \cos nx dx \right\} = 0$$

$$\therefore \lim_{n \to \infty} \int_{-\pi}^{\pi} f(x) \cos nx dx = 0$$

となり，b_n の式 (5.71) は

$$\lim_{n \to \infty} b_n = \lim_{n \to \infty} \left\{ \frac{1}{\pi} \int_{-\pi}^{\pi} f(x) \sin nx dx \right\} = 0$$

$$\therefore \ \lim_{n\to\infty} \int_{-\pi}^{\pi} f(x)\sin nx dx = 0$$

となる。まとめると

$$
\begin{cases}
\displaystyle \lim_{n\to\infty} \int_{-\pi}^{\pi} f(x)\cos nx \ dx = 0 & (5.166) \\[4mm]
\displaystyle \lim_{n\to\infty} \int_{-\pi}^{\pi} f(x)\sin nx \ dx = 0 & (5.167)
\end{cases}
$$

となる。

5.6.3 チェザロの総和法

3章では，無限級数について学んだ。**フーリエ級数の収束性**の証明に必要な級数の相加平均によって総和を計算する**チェザロの総和法**（Cesàro summation）について述べる。

無限級数の部分和を s_n $(n = 1, 2, \cdots)$ とする。第 n 項までの部分和の相加平均を

$$S_n = \frac{1}{n}(s_1 + s_2 + \cdots + s_n) = \frac{1}{n}\sum_{k=1}^{n} s_k \tag{5.168}$$

とする。もしも級数が収束すれば

$$s = \lim_{n\to\infty} s_n < +\infty \tag{5.169}$$

が存在して

$$s = \lim_{n\to\infty} S_n < +\infty \tag{5.170}$$

となる。これは，2章の問題 2.6 の A_k を s_k $(k = 1, 2, \cdots, n)$ に，A を s に置き換えた状態である。問題 2.6 の前提条件は，定義 2.1 の $\varepsilon - \delta$ 論法により証明してある。しかし，式 (5.169) の s_n が存在しなくても，式 (5.168) の S_n が収束して

$$S = \lim_{n\to\infty} S_n \tag{5.171}$$

と，級数の n 項の相加平均として S に総和されたことになる。これを，チェザロの総和法と呼ぶ。

この s_n が収束しなく，S_n が収束する例が，4 章の例題 4.1 を $\displaystyle\sum_{n=1}^{\infty} x^{n-1}$ として $x = -1$ としたときである。すると，級数の部分和 s_n は

$$s_n = \underbrace{1 - 1 + \cdots + (-1)^{n-1}}_{n \text{ 個の和}} = \begin{cases} 0 & (n = 2m：偶数のとき) \qquad (5.172) \\[2mm] 1 & (n = 2m + 1：奇数のとき) \\[2mm] & \qquad\qquad\qquad\qquad (5.173) \end{cases}$$

となる。式 (5.168) の n 項までの和は，式 (5.172)，(5.173) より

$$S_n = \begin{cases} S_{2m} = \dfrac{m}{2m} = \dfrac{1}{2} & (n = 2m) \qquad\qquad (5.174) \\[3mm] S_{2m+1} = \dfrac{m + 1}{2m + 1} & (n = 2m + 1) \qquad (5.175) \end{cases}$$

となる。したがってこの $n \longrightarrow \infty$ とした極限値は

$$S = \lim_{n \to \infty} S_n = \frac{1}{2} \tag{5.176}$$

となり，チェザロの総和法を用いることにより級数は収束しその和は $\dfrac{1}{2}$ となる。

5.6.4 フーリエ級数の収束性

$f(x)$ のフーリエ級数にチェザロの総和法を適用する。$f(x)$ のフーリエ級数式 (5.69) は

$$\frac{a_0}{2} + \sum_{n=1}^{\infty} (a_n \cos nx + b_n \sin nx) \tag{5.69：再掲}$$

であった。この $n - 1$ までの部分和 $s_n(x)$ は，式 (5.70) の係数 a_n，式 (5.71) の係数 b_n の変数 x を u と置き換えると

$$\begin{cases} a_n = \dfrac{1}{\pi} \displaystyle\int_{-\pi}^{\pi} f(u) \cos nu \, du & (n = 0, 1, 2, \cdots) \\[3mm] b_n = \dfrac{1}{\pi} \displaystyle\int_{-\pi}^{\pi} f(u) \sin nu \, du & (n = 1, 2, \cdots) \end{cases}$$

となる。これを式 (5.69) へ代入すると

$$s_n(x) = \frac{a_0}{2} + \sum_{k=1}^{n-1} (a_k \cos kx + b_k \sin kx)$$

$$= \frac{1}{\pi} \int_{-\pi}^{\pi} f(u) \left[\frac{1}{2} + \sum_{k=1}^{n-1} (\cos ku \, \cos kx + \sin ku \, \sin kx) \right] du \quad \longleftarrow \; ①$$

$$= \frac{1}{\pi} \int_{-\pi}^{\pi} f(u) \left[\frac{1}{2} + \sum_{k=1}^{n-1} \cos k(u-x) \right] du \quad \longleftarrow \; ②$$

$$= \frac{1}{\pi} \int_{-\pi-x}^{\pi-x} f(x+t) \left[\frac{1}{2} + \sum_{k=1}^{n-1} \cos kt \right] dt \quad \longleftarrow \; ③$$

$$= \frac{1}{\pi} \int_{-\pi}^{\pi} f(x+t) \left[\frac{1}{2} + \sum_{k=1}^{n-1} \cos kt \right] dt \tag{5.177}$$

ただし，式 (5.177) では以下の ①〜③ の考え方を用いている。

① 式 (5.13) を用いる

②
$$
\begin{cases}
変数変換 \; t = u - x, \; 変数 \, t \, を導入 \\
\begin{array}{c|ccc}
u & -\pi & \longrightarrow & \pi \\ \hline
t & -\pi - x & \longrightarrow & \pi - x
\end{array} \\
dt = du
\end{cases}
$$

③
$$
\begin{cases}
定理 \, 5.6 \, の式 \, (5.38) \, より，1 \, 周期 \, T = 2\pi \, の定積分なので，\\
c = -x \, として考えてみるとよい
\end{cases}
$$

ここで，式 (5.177) の [ ] 内を評価するため，$\sin \dfrac{t}{2}$ を掛けると

$$\sin \frac{t}{2} \left[\frac{1}{2} + \sum_{k=1}^{n-1} \cos kt \right] = \left[\frac{1}{2} \sin \frac{t}{2} + \sum_{k=1}^{n-1} \cos kt \cdot \sin \frac{t}{2} \right]$$

式 (5.19) を用いる

$$= \left[\frac{1}{2} \sin \frac{t}{2} + \sum_{k=1}^{n-1} \frac{1}{2} \left\{ \sin \frac{2k+1}{2} t - \sin \frac{2k-1}{2} t \right\} \right]$$

$$= \frac{1}{2}\left[\sin\frac{t}{2} + \sum_{k=1}^{n-1}\left\{\sin\frac{2k+1}{2}t - \sin\frac{2k-1}{2}t\right\}\right]$$

↑

$k = 1, 2, \cdots, n-1$ を代入して計算する

$$= \frac{1}{2}\left[\sin\frac{1}{2}t + \left(\sin\frac{3}{2}t - \sin\frac{1}{2}t\right) + \left(\sin\frac{5}{2}t - \sin\frac{3}{2}t\right) + \cdots\right.$$

$$\left. + \left(\sin\frac{2n-3}{2}t - \sin\frac{2n-5}{2}t\right) + \left(\sin\frac{2n-1}{2}t - \sin\frac{2n-3}{2}t\right)\right]$$

$$= \frac{1}{2}\sin\frac{2n-1}{2}t = \frac{1}{2}\sin\left(n - \frac{1}{2}\right)t$$

$$\therefore \quad \left[\frac{1}{2} + \sum_{k=1}^{n-1}\cos kt\right] = \frac{1}{2}\frac{\sin\left(n - \frac{1}{2}\right)t}{\sin\frac{t}{2}} \tag{5.178}$$

式 (5.178) の右辺の分子と分母に $\sin\frac{t}{2}$ を掛けて，分子と分母とも式 (5.17) を適用すると

$$\left[\frac{1}{2} + \sum_{k=1}^{n-1}\cos kt\right] = \frac{1}{2}\frac{\sin\left(n - \frac{1}{2}\right)t \cdot \sin\frac{t}{2}}{\sin\frac{t}{2} \cdot \sin\frac{t}{2}}$$

$$= \frac{1}{2}\frac{\cos(n-1)t - \cos nt}{1 - \cos t} \tag{5.179}$$

式 (5.178)，(5.179) を式 (5.177) の [ ] 内へ代入すると

$$s_n(x) = \frac{1}{2\pi}\int_{-\pi}^{\pi}f(x+t)\frac{\sin\left(n - \frac{1}{2}\right)t}{\sin\frac{t}{2}}dt \tag{5.180}$$

$$= \frac{1}{2\pi}\int_{-\pi}^{\pi}f(x+t)\frac{\cos(n-1)t - \cos nt}{1 - \cos t}dt \tag{5.181}$$

となる。式 (5.181) を用いて式 (5.168) チェザロの総和 $S_n(x)$ を計算すると

$$S_n(x) = \frac{1}{n}(s_1(x) + s_2(x) + \cdots + s_n(x)) = \frac{1}{n}\sum_{k=1}^{n}s_k(x)$$

$$= \frac{1}{2\pi n} \sum_{k=1}^{n} \int_{-\pi}^{\pi} f(x+t) \frac{\cos(k-1)t - \cos kt}{1 - \cos t} dt$$

$$= \frac{1}{2\pi n} \int_{-\pi}^{\pi} f(x+t) \sum_{k=1}^{n} \frac{\cos(k-1)t - \cos kt}{1 - \cos t} dt$$

$$\left(\begin{array}{l} \sum \text{内の分子部分を } k = 1, 2, \cdots, n \text{ まで計算すると} \\[2mm] \sum_{k=1}^{n} \{\cos(k-1)t - \cos kt\} \\[2mm] = (1 - \cos t) - (\cos t - \cos 2t) + \cdots \\[2mm] \quad + \big(\cos(n-2)t - \cos(n-1)t\big) \\[2mm] \quad + \big(\cos(n-1)t - \cos nt\big) \\[2mm] = 1 - \cos nt \end{array} \right)$$

$$= \frac{1}{2\pi n} \int_{-\pi}^{\pi} f(x+t) \frac{1 - \cos nt}{1 - \cos t} dt \tag{5.182}$$

$$= \frac{1}{2\pi n} \int_{-\pi}^{\pi} f(x+t) \left\{ \frac{\sin \dfrac{nt}{2}}{\sin \dfrac{t}{2}} \right\}^2 dt \tag{5.183}$$

ただし，式 (5.182) の cos の分数部分は，式 (5.17) で $x = y$ とおいて得られる倍角公式 $1 - \cos 2x = 2\sin^2 x$ を用いて sin に変換している。いま，式 (5.183) で $f(x+t) = f(x) = 1$ とすると，$a_0 = 2$，$a_k = b_k = 0$ $(k = 1, 2, \cdots, n-1)$ から $s_n(x) = 1$，$S_n(x) = 1$ となる。これらを式 (5.183) に代入すると

$$1 = \frac{1}{2\pi n} \int_{-\pi}^{\pi} \left\{ \frac{\sin \dfrac{nt}{2}}{\sin \dfrac{t}{2}} \right\}^2 dt \tag{5.184}$$

となる。つぎに，式 (5.183) $- f(x) \times$ 式 (5.184) について考える。

$$S_n(x) - f(x) = \frac{1}{2\pi n} \int_{-\pi}^{\pi} \{f(x+t) - f(x)\} \left\{ \frac{\sin \dfrac{nt}{2}}{\sin \dfrac{t}{2}} \right\}^2 dt \tag{5.185}$$

$f(x)$ は区間内では滑らかな連続関数である。すると，$\varepsilon - \delta$ 論法により，任意の $\dfrac{\varepsilon}{2}$ に対して δ が定められる。つまり

$$|t| < \delta \quad \longrightarrow \quad |f(x+t) - f(x)| < \frac{\varepsilon}{2} \tag{5.186}$$

と δ が定められる。

$$g(t) = \left\{ \frac{\sin \dfrac{nt}{2}}{\sin \dfrac{t}{2}} \right\}^2 \tag{5.187}$$

とおくと式 (5.185) の右辺は

$$\frac{1}{2\pi n} \int_{-\pi}^{\pi} \{f(x+t) - f(x)\} g(t) dt$$

$$= \frac{1}{2\pi n} \int_{-\pi}^{-\delta} \{f(x+t) - f(x)\} g(t) dt \tag{5.188}$$

$$+ \frac{1}{2\pi n} \int_{-\delta}^{+\delta} \{f(x+t) - f(x)\} g(t) dt \tag{5.189}$$

$$+ \frac{1}{2\pi n} \int_{+\delta}^{\pi} \{f(x+t) - f(x)\} g(t) dt \tag{5.190}$$

と区間を三つに分けて考える。式 (5.189) を式 (5.186) と積分区間 $[-\pi, \pi]$ の式 (5.184) を用いて評価すると

$$\frac{1}{2\pi n} \left| \int_{-\delta}^{+\delta} \{f(x+t) - f(x)\} g(t) dt \right|$$

$$< \frac{\varepsilon}{2} \frac{1}{2\pi n} \left| \int_{-\delta}^{+\delta} g(t) dt \right| < \frac{\varepsilon}{2} \frac{1}{2\pi n} \left| \int_{-\pi}^{\pi} g(t) dt \right| = \frac{\varepsilon}{2} \tag{5.191}$$

となる。区間内で

$$|f(x)| < M \tag{5.192}$$

とすると，$|f(x+t) - f(x)| \leqq |f(x+t)| + |f(x)| < 2M$ となる。また，式 (5.188) と式 (5.190) の定積分の範囲では $\delta \leqq |s|$ より

$$g(s) = \left\{ \frac{\sin \dfrac{ns}{2}}{\sin \dfrac{s}{2}} \right\}^2 < \left\{ \frac{1}{\sin \dfrac{s}{2}} \right\}^2 < \frac{1}{\sin^2 \dfrac{\delta}{2}} \tag{5.193}$$

となるので，式 (5.188) と式 (5.190) を評価すると

$$\frac{1}{2\pi n} \left| \int_{-\pi}^{-\delta} \{f(x+s) - f(x)\}g(s)ds + \int_{+\delta}^{\pi} \{f(x+s) - f(x)\}g(s)ds \right|$$

$$< \frac{2M}{2\pi n} \left| \int_{-\pi}^{-\delta} g(s)ds + \int_{+\delta}^{\pi} g(s)ds \right| < \frac{2M}{2\pi n \sin^2 \dfrac{\delta}{2}} \left| \int_{-\pi}^{-\delta} ds + \int_{+\delta}^{\pi} ds \right|$$

$$< \frac{2M}{2\pi n \sin^2 \dfrac{\delta}{2}} \int_{-\pi}^{\pi} ds < \frac{2M}{n \sin^2 \dfrac{\delta}{2}} \tag{5.194}$$

となる。したがって，式 (5.185) の右辺は式 (5.191) および式 (5.194) で評価できる。すると，十分に大きな n に対して

$$\frac{2M}{n \sin^2 \dfrac{\delta}{2}} < \frac{\varepsilon}{2}$$

より

$$|S_n(x) - f(x)| = \frac{1}{2\pi n} \left| \int_{-\pi}^{\pi} \{f(x+t) - f(x)\}g(t)dt \right|$$

$$< \frac{\varepsilon}{2} + \frac{2M}{n \sin^2 \dfrac{\delta}{2}} < \frac{\varepsilon}{2} + \frac{\varepsilon}{2} = \varepsilon \tag{5.195}$$

が成り立つ。

$$\therefore \quad \lim_{n \to \infty} S_n(x) = f(x) \tag{5.196}$$

これは，チェザロの総和においてフーリエ級数の収束を示している。これをフェイエールの定理（Fejér's theorem）と呼ぶ。さらに

$$\int_{-\pi}^{\pi} [f(x) - S_n(x)]^2 \, dx \geqq \int_{-\pi}^{\pi} [f(x) - s_n(x)]^2 \, dx \geqq 0 \tag{5.197}$$

となり，フェイエールの定理より

$$\lim_{n \to \infty} \int_{-\pi}^{\pi} [f(x) - s_n(x)]^2 \, dx = 0 \tag{5.198}$$

と導ける。

5.6.5 不連続点での収束

さて，周期 $2L$ の区間 $I = [a, b]$ 内で区分的に滑らかな関数 $f(x)$ と，その区分的に滑らかな区間の $f'(x)$ が連続とした定理 5.9 の式 (5.143) を証明する。

準備として，式 (5.180) で，$f(x + t) = f(x) = 1$ とした値を式 (5.184) を求めたときと同様に計算する。つまり，式 (5.180) で $f(x + t) = f(x) = 1$ とすると，$a_0 = 2$，$a_k = b_k = 0$ $(k = 1, 2, \cdots, n - 1)$ から $s_n(x) = 1$ より

$$1 = \frac{1}{2\pi} \int_{-\pi}^{\pi} \frac{\sin\left(n - \dfrac{1}{2}\right)t}{\sin\dfrac{t}{2}} dt \tag{5.199}$$

となり，被積分関数 $\dfrac{\sin\left(n - \dfrac{1}{2}\right)t}{\sin\dfrac{t}{2}}$ は偶関数となるので

$$\frac{1}{2} = \frac{1}{2\pi} \int_{-\pi}^{0} \frac{\sin\left(n - \dfrac{1}{2}\right)t}{\sin\dfrac{t}{2}} dt = \frac{1}{2\pi} \int_{0}^{\pi} \frac{\sin\left(n - \dfrac{1}{2}\right)t}{\sin\dfrac{t}{2}} dt \tag{5.200}$$

となる。なお，この計算は式 (5.178) の関係を用いても計算できる。すなわち

$$\frac{1}{2} \int_{-\pi}^{\pi} \frac{\sin\left(n - \dfrac{1}{2}\right)t}{\sin\dfrac{t}{2}} dt$$

$$= \int_{-\pi}^{0} \frac{1}{2} \frac{\sin\left(n - \dfrac{1}{2}\right)t}{\sin\dfrac{t}{2}} dt + \int_{0}^{\pi} \frac{1}{2} \frac{\sin\left(n - \dfrac{1}{2}\right)t}{\sin\dfrac{t}{2}} dt$$

$$= \int_{-\pi}^{0} \left[\frac{1}{2} + \sum_{k=1}^{n-1} \cos kt \right] dt + \int_{0}^{\pi} \left[\frac{1}{2} + \sum_{k=1}^{n-1} \cos kt \right] dt$$

$$= \frac{\pi}{2} + \frac{\pi}{2} = \pi \tag{5.201}$$

$$\left(\begin{array}{l} \because \quad \int \left[\frac{1}{2} + \sum_{k=1}^{n-1} \cos kt \right] dt = \frac{t}{2} + \sum_{k=1}^{n-1} \frac{\sin kt}{k} \ \text{より} \\ \text{定積分において第 2 項の} \sum \text{内の} \sin(-\pi) = \sin 0 = \sin \pi = 0 \\ \text{なので第 2 項} = 0 \end{array} \right)$$

式 (5.143) を証明する。式 (5.180) を積分区間を $[-\pi, 0]$ と $[0, \pi]$ の二つに分ける。

$$s_n(x) = \frac{1}{2\pi} \int_{-\pi}^{\pi} f(x+t) \frac{\sin\left(n - \frac{1}{2}\right)t}{\sin\frac{t}{2}} dt$$

$$= \frac{1}{2\pi} \int_{-\pi}^{0} f(x+t) \frac{\sin\left(n - \frac{1}{2}\right)t}{\sin\frac{t}{2}} dt$$

$$+ \frac{1}{2\pi} \int_{0}^{\pi} f(x+t) \frac{\sin\left(n - \frac{1}{2}\right)t}{\sin\frac{t}{2}} dt$$

第 1 項目に $t = -u$ の変数変換を行うと，積分区間は $[\pi, 0]$ になるので

$$s_n(x) = -\frac{1}{2\pi} \int_{\pi}^{0} f(x-u) \frac{\sin\left(n - \frac{1}{2}\right)(-u)}{\sin\frac{-u}{2}} du$$

$$+ \frac{1}{2\pi} \int_{0}^{\pi} f(x+t) \frac{\sin\left(n - \frac{1}{2}\right)t}{\sin\frac{t}{2}} dt$$

$\sin(-u) = -\sin u$ を用いて，第 1 項目の u を t と置き換え，積分区間を逆にすると

$$s_n(x) = \frac{1}{2\pi} \int_0^\pi f(x-t) \frac{\sin\left(n-\frac{1}{2}\right)t}{\sin\frac{t}{2}} dt$$

$$+ \frac{1}{2\pi} \int_0^\pi f(x+t) \frac{\sin\left(n-\frac{1}{2}\right)t}{\sin\frac{t}{2}} dt \tag{5.202}$$

となる，また，式 (5.143) で $x_0 = x$ として $\frac{1}{2}$ に式 (5.200) を代入すると

$$\frac{f(x-0)+f(x+0)}{2} = \frac{f(x-0)+f(x+0)}{2\pi} \int_0^\pi \frac{\sin\left(n-\frac{1}{2}\right)t}{\sin\frac{t}{2}} dt$$

$$= \frac{1}{2\pi} \int_0^\pi \{f(x-0)+f(x+0)\} \frac{\sin\left(n-\frac{1}{2}\right)t}{\sin\frac{t}{2}} dt$$

$$= \frac{1}{2\pi} \int_0^\pi \frac{f(x-0)\sin\left(n-\frac{1}{2}\right)t}{\sin\frac{t}{2}} dt + \frac{1}{2\pi} \int_0^\pi \frac{f(x+0)\sin\left(n-\frac{1}{2}\right)t}{\sin\frac{t}{2}} dt$$

$$\tag{5.203}$$

となる。ここで，式 (5.202) と式 (5.203) の左辺，右辺のそれぞれの差をとると

$$s_n(x) - \frac{f(x-0)+f(x+0)}{2}$$

$$= \frac{1}{2\pi} \int_0^\pi \frac{\{f(x-t)-f(x-0)\}\sin\left(n-\frac{1}{2}\right)t}{\sin\frac{t}{2}} dt$$

$$+ \frac{1}{2\pi} \int_0^\pi \frac{\{f(x+t)-f(x+0)\}\sin\left(n-\frac{1}{2}\right)t}{\sin\frac{t}{2}} dt$$

$$= \frac{1}{\pi} \int_0^\pi \frac{f(x-t) - f(x-0)}{2 \sin \dfrac{t}{2}} \sin \left(n - \frac{1}{2} \right) t \, dt$$

$$+ \frac{1}{\pi} \int_0^\pi \frac{f(x+t) - f(x+0)}{2 \sin \dfrac{t}{2}} \sin \left(n - \frac{1}{2} \right) t \, dt$$

$$= \frac{1}{\pi} \int_0^\pi f_1(t) \sin \left(n - \frac{1}{2} \right) t \, dt + \frac{1}{\pi} \int_0^\pi f_2(t) \sin \left(n - \frac{1}{2} \right) t \, dt$$

$$(5.204)$$

となる。ここで，式 (5.204) の $f_1(t)$ $(0 \leqq t \leqq \pi)$ を評価する。まず

$$f_1(t) = \frac{f(x-t) - f(x-0)}{2 \sin \dfrac{t}{2}} = \frac{f(x-t) - f(x-0)}{t} \frac{\dfrac{t}{2}}{\sin \dfrac{t}{2}} \quad (5.205)$$

となる。式 (5.205) の下記の極限は，「本書で用いるおもな公式」（1）極限に関する公式（d）の（5）を用いると，$f(x)$ の区分的に滑らかでかつ区分的に滑らかな区間内で $f'(x)$ が連続（存在）の仮定より

$$\lim_{t \to -0} f_1(t) = \lim_{t \to -0} \frac{f(x-t) - f(x-0)}{t} \frac{\dfrac{t}{2}}{\sin \dfrac{t}{2}}$$

$$= \lim_{t \to -0} \frac{f(x-t) - f(x-0)}{t} = f'(x-0) < +\infty \quad (5.206)$$

となる。同様に，式 (5.204) の $f_2(t)$ $(0 \leqq t \leqq \pi)$ を評価すると

$$\lim_{t \to +0} f_2(t) = \lim_{t \to +0} \frac{f(x+t) - f(x+0)}{t} \frac{\dfrac{t}{2}}{\sin \dfrac{t}{2}}$$

$$= \lim_{t \to +0} \frac{f(x+t) - f(x+0)}{t} = f'(x+0) < +\infty \quad (5.207)$$

となる。そして，式 (5.204) の n を無限大にしたときの極限をとると，右辺第1項および第2項は 5.6.2 項（2）の式 (5.167) で $f(x)$ を $f_1(x)$，$f_2(x)$ に置き換えて考えればよいので，両方 0 である。したがって

$$\lim_{n\to\infty}\left\{s_n(x)-\frac{f(x-0)+f(x+0)}{2}\right\}=0$$

$$\therefore\quad\lim_{n\to\infty}s_n(x)=\frac{f(x-0)+f(x+0)}{2} \tag{5.208}$$

となる。有限個の不連続点 $x=x_0$ で $f(x)$ のフーリエ級数は，$f(x)$ の右側極限値と左側極限値の相加平均に収束する。

章 末 問 題

【1】 つぎの関数の基本周期を求めなさい。

　(1) $f(x)=\sin x$ (5.209)

　(2) $f(x)=\cos\dfrac{x}{5}$ (5.210)

　(3) $f(x)=\tan 3x$ (5.211)

　(4) $f(x)=\cos\dfrac{6}{5}x+3\sin\dfrac{x}{3}$ (5.212)

【2】 区間 $I=[a,b]$ で，関数列 $\{\phi_n(x)\}_{(n=0,1,\cdots)}$ が定義されている。

$$関数列\ \{\phi_n(x)\}_{(n=0,1,\cdots)}=\{\phi_0(x),\phi_1(x),\phi_2(x),\phi_3(x),\cdots,\phi_n(x),\cdots\}$$

が直交関数系をなすとき，内積はどのように表現するかを示しなさい。

【3】 関数 $f(x)$ を周期 2π の周期関数とする。関数 $f(x)$ のフーリエ級数展開は

$$f(x)=\sum_{n=0}^{\infty}(a_n{}'\cos nx+b_n\sin nx) \tag{5.213}$$

と表すことができる。このフーリエ係数 $a_n{}'$，b_n を三角関数の直交関係を用いて求めなさい。

【4】 区間 $[-\pi,\pi]$ で定義された $f(x)$ のフーリエ級数を求めなさい。

$$f(x)=\begin{cases}-1 & (-\pi\leqq x<0,\ x=\pi)\\ 1 & (0\leqq x<\pi)\end{cases}$$

引用・参考文献

1）高木貞治：解析概論 改訂第三版，岩波書店 (1975)
2）高木貞治：代数学講義 改訂新版，共立出版 (1977)
3）楠　幸男：無限級数入門，朝倉書店 (1977)
4）矢野健太郎，石原　繁：解析学概論，裳華房 (1975)
5）大石進一：フーリエ解析（理工系の数学入門コース 6），岩波書店 (1989)
6）井上純治，勝股　脩，林　実樹廣：級数，共立出版 (2009)
7）鈴木義也，大野芳希：演習 解析 III・級数，共立出版 (1998)
8）鷹尾洋保：数列と級数のはなし – 等差数列からテイラー級数・フーリエ級数まで –，日科技連出版社 (2001)
9）小坂敏文，吉本定伸：はじめての応用数学 – ラプラス変換・フーリエ変換編 –，近代科学社 (2013)
10）芦田正巳：複素関数を学ぶ人のために，オーム社 (2012)
11）柴田正和：数列・関数列の無限級数 – 基礎からフーリエ級数・漸近級数まで –，森北出版 (2012)
12）田澤義彦：しっかり学ぶフーリエ解析，東京電機大学出版局 (2010)

章末問題解答

1章

【1】

	1年後	2年後	3年後	$\cdots$	$(n-1)$年後	n年後
①	$a(1+r)^1$	$a(1+r)^2$	$a(1+r)^3$	$\cdots$	$a(1+r)^{n-1}$	$a(1+r)^n$
②		$a(1+r)^1$	$a(1+r)^2$	$\cdots$	$a(1+r)^{n-2}$	$a(1+r)^{n-1}$
③			$a(1+r)^1$	$\cdots$	$a(1+r)^{n-3}$	$a(1+r)^{n-2}$
				$\vdots$		
ⓝ					$a(1+r)^1$	$(+$

$$n \text{ 年後の列の和} = \sum_{k=1}^{n} a(1+r)^k$$

① 1年目の元利合計 ， ② 2年目の元利合計
③ 3年目の元利合計 ， ⓝ n年目の元利合計

n年後の元利合計は初項 $a(1+r)$，公比 $1+r$ の等比数列の第 n 項までの和となる。

$$\therefore \quad \text{元利合計} = \frac{1-(1+r)^n}{1-(1+r)} \times a(1+r) = a(1+r) \times \frac{(1+r)^n - 1}{r}$$

【2】 $n \geqq 2$ のとき，第 n 項 $a_n = S_n - S_{n-1}$ で求められる。

$$n = 1 \text{ のとき}: a_1 = S_1 = 3^1 - 1 = 2 \tag{A1.1}$$

$$n \geqq 2 \text{ のとき}: a_n = S_n - S_{n-1} = 3^n - 1 - (3^{n-1} - 1) = 2 \cdot 3^{n-1} \tag{A1.2}$$

「式 (A1.2) に $n = 1$ を代入すると：$a_1 = 2$」＝「式 (A1.1) の $a_1 = 2$」

$$\therefore \quad a_n = 2 \cdot 3^{n-1}$$

【3】 （1）

$$x_n - x_{n-1} = 2n$$
$$x_{n-1} - x_{n-2} = 2(n-1)$$
$$\vdots$$
$$x_2 - x_1 = 2 \cdot 2$$
$$+) \quad x_1 - x_0 = 2 \cdot 1$$

n 個

$$x_n - x_0 = 2\sum_{k=1}^{n} k$$
$$x_n = 1 + n(n+1)$$

（2） $a_1 = 1$ より $a_{n+1} \neq 0$ $(n = 1, 2, \cdots)$ となる。a_{n+1} は

$$\frac{1}{a_{n+1}} = 1 + 2\frac{1}{a_n}$$

$$\frac{1}{a_{n+1}} - 2\frac{1}{a_n} = 1 \qquad \longleftarrow \quad b_n = \frac{1}{a_n} \text{ とおく}$$

$$b_{n+1} - 2b_n = 1$$

$$(b_{n+1} - \alpha) = \beta(b_n - \alpha)$$

$$b_{n+1} = \beta b_n + \alpha(1 - \beta) \qquad \longrightarrow \quad \beta = 2, \ \alpha = -1$$

$$b_{n+1} + 1 = 2(b_n + 1) \qquad \longleftarrow \quad c_n = b_n + 1$$

$$c_{n+1} = 2c_n \qquad \longleftarrow \quad \text{等比数列}$$

$$c_n = 2^{n-1}c_1 = 2^{n-1}(b_1 + 1) = 2^{n-1}\left(\frac{1}{a_1} + 1\right) = 2^n = b_n + 1$$

$$b_n = 2^n - 1 = \frac{1}{a_n}$$

$$\therefore \quad a_n = \frac{1}{2^n - 1}$$

（3） この解を二つの方法で求める。

方法 1 : $a_{n+2} - \alpha a_{n+1} = \beta(a_{n+1} - \alpha a_n)$

$$a_{n+2} - (\alpha + \beta)a_{n+1} + \alpha\beta a_n = 0$$

$$a_{n+2} - 3a_{n+1} + 2a_n = 0$$

$$\begin{cases} \alpha + \beta = 3 \\ \alpha\beta = 2 \end{cases} \tag{A1.3}$$

$$\therefore \quad \alpha, \beta = 1, 2 \text{ または } 2, 1$$

ここで，$\alpha = 1$，$\beta = 2$ とすると

$$b_{n+2} = a_{n+2} - a_{n+1} = 2(a_{n+1} - a_n) = 2b_{n+1}$$

$$b_n \qquad\qquad\quad = 2b_{n-1}$$

$$\therefore \quad b_n \qquad\qquad = 2^{n-1} \quad (\because \ b_1 = a_1 - a_0 = 1 - 0 = 1)$$

$$a_n - a_{n-1} \qquad\quad = b_n = 2^{n-1}$$

$$a_{n-1} - a_{n-2} \qquad = b_{n-1} = 2^{n-2}$$

$$a_{n-2} - a_{n-3} \qquad = b_{n-2} = 2^{n-3}$$

$$\vdots \qquad\qquad\qquad \vdots$$

$$a_2 - a_1 \qquad\qquad = b_2 = 2$$

$$a_1 - a_0 \qquad\qquad = b_1 = 1$$

$$\therefore \quad a_n \qquad\qquad = a_0 + \sum_{k=0}^{n-1} 2^k = 0 + \frac{1 - 2^n}{1 - 2} \times 1 = 2^n - 1$$

この数列から得られる式 (A1.3) は，α と β の 2 変数の基本対称式[†]と
なっているため，1 と 2 を α と β のどちらに割り当ててもよい．確認の
ため，$\alpha = 2$，$\beta = 1$ としてみる．

$$b_{n+2} = a_{n+2} - 2a_{n+1} = (a_{n+1} - 2a_n) = 2b_{n+1}$$

$$\therefore \quad b_n \qquad\qquad = b_{n-1} = b_0 = a_1 - 2a_0 = 1$$

したがって

$$b_n \qquad = a_n - 2a_{n-1} = 1 \quad \longleftarrow \quad \text{等比級数の形に変形する．}$$

$$(a_n + 1) = 2(a_{n-1} + 1)$$

$$a_n + 1 \quad = 2^n(a_0 + 1) = 2^n$$

$$\therefore \quad a_n \quad = 2^n - 1$$

となり，$\alpha = 1$，$\beta = 2$ としたときと同じことが確かめられた．

[†]　n 個の変数 $(x_1, x_2, \cdots, x_n)$ の有理式において，それらの変数をいかなる順序に置き
換えてもその式が変わらないならば，これらの変数の対称式という．n 個の変数の場
合，すべての対称式は，n 個の基本対称式で表すことができる．

方法 2：特性方程式による方法：特性方程式を作ると

$$\text{特性方程式}：\begin{cases} a_{n+2} \longrightarrow \lambda^2, \ a_{n+1} \longrightarrow \lambda, \ a_n \longrightarrow 1 \\ \lambda^2 - 3\lambda + 2 = 0 \\ (\lambda - 1)(\lambda - 2) = 0 \\ \lambda = 1, 2 \end{cases}$$

異なる 2 実解なので

$$a_n = c_1 \cdot 1^n + c_2 \cdot 2^n = c_1 + c_2 \cdot 2^n$$

初期条件より

$$a_0 = c_1 + c_2 \cdot 2^0 = c_1 + c_2 = 0, \quad a_1 = c_1 + c_2 \cdot 2^1 = c_1 + c_2 \cdot 2 = 1$$

$$\therefore \quad c_1 = -1, c_2 = 1$$

$$\therefore \quad a_n = 2^n - 1$$

参考 A1.1 （特性方程式による解法の流れ）

$$a\,a_{n+2} + b\,a_{n+1} + c\,a_n = 0 \quad (n = 0, 1, 2, \cdots) \tag{A1.4}$$

ここで，a, b, c は定数，かつ $a, c \neq 0$ となる。特性方程式を作ると

$$a_{n+2} \longrightarrow \lambda^2, \ a_{n+1} \longrightarrow \lambda, \ a_n \longrightarrow 1 \tag{A1.5}$$

式 (A1.5) を式 (A1.4) へ代入する。

$$\text{特性方程式}：a\lambda^2 + b\lambda + c = 0 \tag{A1.6}$$

特性方程式 (A1.6) の解を，α, β とする。
特性方程式の解の状態により 2 種類に分かれる。

$$a_n = \begin{cases} c_1\alpha^n + c_2\beta^n \\ \quad \alpha \neq \beta：異なる実解，虚数解 \tag{A1.7} \\ c_1\alpha^n + c_2 n\beta^n = (c_1 + nc_2)\alpha^n \\ \quad \alpha = \beta：重解 \tag{A1.8} \end{cases}$$

解と係数の関係より

$$\alpha + \beta = -\frac{b}{a}, \quad \alpha \times \beta = \frac{c}{a}$$

$$a\,a_{n+2} + b\,a_{n+1} + c\,a_n = 0 \iff a_{n+2} - (\alpha + \beta)a_{n+1} + \alpha\beta a_n = 0$$

【4】 (1) 一般項

$$a_n = a_1 + (n-1)d \tag{A1.9}$$

式 (A1.9) に $n=3$, $n=10$ を代入すると

$$a_3 = a_1 + 2d = 7 \tag{A1.10}$$

$$a_{10} = a_1 + 9d = -14 \tag{A1.11}$$

式 (A1.11) − 式 (A1.10) より，$d=-3$, $a_1 = 13$

$$\therefore \quad a_n = 16 - 3n \tag{A1.12}$$

(2) 一般項

$$a_n = a_1 r^{n-1} \tag{A1.13}$$

式 (A1.13) に $n=2$, $n=5$ を代入すると

$$a_2 = a_1 r^1 = 14 \tag{A1.14}$$

$$a_5 = a_1 r^4 = -112 \tag{A1.15}$$

$\dfrac{式 (A1.15)}{式 (A1.14)}$ より

$$\frac{a_5}{a_2} = r^3 = -2^3 \iff (r^3 + 2^3) = 0 \tag{A1.16}$$

$$(r+2)(r^2 - 2r + 2^2) = 0 \tag{A1.17}$$

式 (A1.17) を満足する実数解 $r = -2$

$\quad \because$ 左辺第 2 項の判別式 $D = 1^2 - 1 \cdot 2^2 = -3 < 0$ より，虚数解

$a_2 = a_1 r = -2a_1 = 14$ より $a_1 = -7$

$$\therefore \quad a_n = -7 \cdot (-2)^{n-1}$$

参考 A1.2 （$a^3 \pm b^3$ の因数分解）

$$a^3 \pm b^3 = (a \pm b)(a^2 \mp a \cdot b + b^2) \tag{A1.18}$$

参考 A1.3 $(ax^2 + bx + c = 0$ の判別式 $D)$

$$D = b^2 - 4ac \quad 特に,\ b = 2b' のときには,\ D = b'^2 - ac$$

$$\text{(A1.19)}$$

【**5**】 $n \geqq 2$ のとき,第 n 項 $a_n = S_n - S_{n-1}$ で求められる。

$n = 1$ のとき:$a_1 = S_1$ である。

$$a_1 = S_1 = 2 - 1 + 3 = 4 \tag{A1.20}$$

$n \geqq 2$ のとき:$a_n = S_n - S_{n-1}$

$$= 2n^2 - n + 3 - \left\{ 2(n-1)^2 - (n-1) + 3 \right\}$$

$$= 4n - 3 \tag{A1.21}$$

「式 (A1.21) に $n = 1$ を代入すると:$a_1 = 1$」$\neq$「式 (A1.20) の $a_1 = 4$」

$$\therefore\quad a_n = \begin{cases} 4 & (n = 1) \\ 4n - 3 & (n \geqq 2) \end{cases}$$

2 章

【**1**】 式 (2.49) に「相加平均 $\geqq$ 相乗平均」を適用する。

$$a_{n+1} = \frac{1 + a_n{}^2}{2a_n} = \frac{1}{2}\left(a_n + \frac{1}{a_n} \right)$$

$$\geqq \sqrt{a_n \cdot \frac{1}{a_n}} = 1 \qquad (n = 0, 1, 2, \cdots) \tag{A2.1}$$

$n \geqq 1$ において式 (A2.1) より,$a_n \geqq 1 \ \longrightarrow\ \dfrac{1}{a_n} \leqq 1 \leqq a_n$

$$a_{n+1} = \frac{1}{2}\left(a_n + \frac{1}{a_n} \right) \leqq \frac{1}{2}(a_n + a_n) = a_n \qquad \longrightarrow\quad 単調減少数列$$

$n \geqq 1$ で単調減少数列を示す別解法:前後する 2 項の差を計算し,式 (A2.1) を用いると

$$a_{n+1} - a_n = \frac{1 + a_n{}^2}{2a_n} - a_n = \frac{1 - a_n{}^2}{2a_n} = \frac{(1 - a_n)(1 + a_n)}{2a_n} \leqq 0$$

$$\longrightarrow\quad 単調減少数列$$

$n \geqq 1$ で単調減少数列

$a_n \geqq 1$ より下界が存在する $\longrightarrow$ 収束する，その極限値 $\displaystyle\lim_{n\to\infty} a_n = A$

$$A = \frac{1+A^2}{2A} \quad \therefore \quad A = 1$$

【2】（1）$\displaystyle\lim_{n\to\infty}\left\{\frac{2n^2+3n}{n^2+n}\right\} = \lim_{n\to\infty}\left\{\frac{2+\dfrac{3}{n}}{1+\dfrac{1}{n}}\right\} = 2$

（2）$\displaystyle\lim_{n\to\infty}(n^2-n) = \lim_{n\to\infty}n^2\left(1-\frac{1}{n}\right) = \infty$

（3）$\displaystyle\lim_{n\to\infty}\left\{\frac{3^n-2^n}{3^n+2^n}\right\} = \lim_{n\to\infty}\left\{\frac{1-\left(\dfrac{2}{3}\right)^n}{1+\left(\dfrac{2}{3}\right)^n}\right\} = 1$

（4）$\displaystyle\lim_{n\to\infty}(\sqrt{n^2-n}-n) = \lim_{n\to\infty}\frac{(\sqrt{n^2-n}-n)(\sqrt{n^2-n}+n)}{\sqrt{n^2-n}+n}$

$\displaystyle = \lim_{n\to\infty}\frac{-n}{\sqrt{n^2-n}+n} = \lim_{n\to\infty}\frac{-1}{\sqrt{1-\dfrac{1}{n}}+1} = -\frac{1}{2}$

（5）$-1 \leqq \sin\dfrac{n\pi}{3} \leqq 1$

$-\dfrac{1}{n} \leqq \dfrac{1}{n}\sin\dfrac{n\pi}{3} \leqq \dfrac{1}{n}$

$\displaystyle\lim_{n\to\infty}\left(\pm\frac{1}{n}\right) = 0$ となるので，はさみうち法の原理より

$\therefore \displaystyle\lim_{n\to\infty}\left\{\frac{1}{n}\sin\frac{n\pi}{3}\right\} = 0$

【3】（1）$|a_n - A| < \varepsilon$

（2）$\varepsilon = 10^{-3}$ が与えられたとき

$$|a_n - A| = \left|\frac{1}{\sqrt{n}}-0\right| = \left|\frac{1}{\sqrt{n}}\right| = \frac{1}{\sqrt{n}} < \varepsilon = 10^{-3}$$

$$\sqrt{n} > \frac{1}{10^{-3}} = 10^3$$

$$n > 10^6 = N$$

$\therefore \quad N = 10^6$　が定められた。

【4】 まず，適当な番号 N を定め，$N < n$, $m = 2n$ となる m, n について考える。

$$a_m - a_n = a_{2n} - a_n = \sum_{k=1}^{2n} \frac{1}{k} - \sum_{k=1}^{n} \frac{1}{k} = \sum_{k=n+1}^{2n} \frac{1}{k}$$

$$= \frac{1}{n+1} + \frac{1}{n+2} + \cdots + \frac{1}{2n}$$

$$> \frac{1}{2n} \times n = \frac{1}{2} \tag{A2.2}$$

ここで，式 (A2.2) の両辺の絶対値をとると

$$|a_m - a_n| > \frac{1}{2} \tag{A2.3}$$

$\forall \varepsilon > 0$ ととれるので

$$\varepsilon = \frac{1}{2} \tag{A2.4}$$

を選ぶ。コーシー列であるためには，$|a_m - a_n| < \varepsilon$ でなければならない。しかし，式 (A2.3), (A2.4) より

$$|a_m - a_n| \not< \varepsilon = \frac{1}{2}$$

したがって，コーシー列でないので収束しない。

3 章

【1】 (1) $a_n = \dfrac{n}{(n+1)!} = \dfrac{1}{(n+1)(n-1)!} \longrightarrow 0 \ (n \longrightarrow \infty)$ より，性質 3 の式 (3.5) の必要条件は満足している。式 (3.135) より

$$a_n = \frac{n}{(n+1)!} = \frac{(n+1)-1}{(n+1)!} = \frac{n+1}{(n+1)!} - \frac{1}{(n+1)!}$$

$$= \frac{1}{n!} - \frac{1}{(n+1)!}$$

第 n 部分和 S_n は

$$S_n = \sum_{k=1}^{n} a_k = \sum_{k=1}^{n} \left\{ \frac{1}{k!} - \frac{1}{(k+1)!} \right\}$$

$$= \left\{ \left(\frac{1}{1!} - \frac{1}{2!} \right) + \left(\frac{1}{2!} - \frac{1}{3!} \right) + \left(\frac{1}{3!} - \frac{1}{4!} \right) + \cdots \right.$$

$$+ \left(\frac{1}{(n-1)!} - \underline{\underline{\frac{1}{n!}}} \right) + \left(\underline{\underline{\frac{1}{n!}}} - \frac{1}{(n+1)!} \right) \Big\}$$

$$= 1 - \frac{1}{(n+1)!}$$

$$\therefore \sum_{n=1}^{\infty} \frac{n}{(n+1)!} = \lim_{n \to \infty} S_n = \lim_{n \to \infty} \left\{ 1 - \frac{1}{(n+1)!} \right\} = 1, \quad 収束する。$$

（2）$a_n \longrightarrow 0 \ (n \longrightarrow \infty)$ より，性質 3 の式 (3.5) の必要条件は満足している。式 (3.136) より

$$a_n = \frac{1}{n^2 - 1} = \frac{1}{(n+1)(n-1)} = \frac{1}{2} \left(\frac{1}{n-1} - \frac{1}{n+1} \right)$$

第 n 部分和 S_n は

$$S_n = \sum_{k=2}^{n} a_k = \sum_{k=2}^{n} \frac{1}{2} \left(\frac{1}{k-1} - \frac{1}{k+1} \right)$$

$$= \frac{1}{2} \Big\{ \left(\frac{1}{1} - \frac{1}{3} \right) + \left(\frac{1}{2} - \frac{1}{4} \right) + \left(\frac{1}{3} - \frac{1}{5} \right) + \left(\frac{1}{4} - \frac{1}{6} \right) + \cdots$$

$$+ \left(\frac{1}{n-3} - \frac{1}{n-1} \right) + \left(\frac{1}{n-2} - \frac{1}{n} \right) + \left(\frac{1}{n-1} - \frac{1}{n+1} \right) \Big\}$$

$$= \frac{1}{2} \Big\{ 1 + \frac{1}{2} - \frac{1}{n} - \frac{1}{n+1} \Big\}$$

$$\therefore \sum_{n=2}^{\infty} \frac{1}{n^2-1} = \lim_{n \to \infty} S_n = \lim_{n \to \infty} \left[\frac{1}{2} \Big\{ 1 + \frac{1}{2} - \frac{1}{n} - \frac{1}{n+1} \Big\} \right]$$

$$= \frac{3}{4}, \quad 収束する。$$

（3）$a_n \longrightarrow 0 \ (n \longrightarrow \infty)$ より，性質 3 の式 (3.5) の必要条件は満足している。式 (3.137) より

$$a_n = \frac{2}{\sqrt{n-1}\sqrt{n+1}} \frac{\sqrt{n+1} - \sqrt{n-1}}{(\sqrt{n+1} + \sqrt{n-1})(\sqrt{n+1} - \sqrt{n-1})}$$

$$= \frac{2(\sqrt{n+1} - \sqrt{n-1})}{\sqrt{n+1}\sqrt{n-1}\big((n+1) - (n-1)\big)} = \frac{1}{\sqrt{n-1}} - \frac{1}{\sqrt{n+1}}$$

第 n 部分和 S_n は

$$S_n = \sum_{k=2}^{n} a_k = \sum_{k=2}^{n} \Big\{ \frac{1}{\sqrt{k-1}} - \frac{1}{\sqrt{k+1}} \Big\}$$

$$= \left\{ \left(\frac{1}{\sqrt{1}} - \frac{1}{\sqrt{3}} \right) + \left(\frac{1}{\sqrt{2}} - \frac{1}{\sqrt{4}} \right) + \left(\frac{1}{\sqrt{3}} - \frac{1}{\sqrt{5}} \right) + \cdots \right.$$

$$+ \left(\frac{1}{\sqrt{n-3}} - \frac{1}{\sqrt{n-1}} \right) + \left(\frac{1}{\sqrt{n-2}} - \frac{1}{\sqrt{n}} \right)$$

$$\left. + \left(\frac{1}{\sqrt{n-1}} - \frac{1}{\sqrt{n+1}} \right) \right\}$$

$$= 1 + \frac{1}{\sqrt{2}} - \frac{1}{\sqrt{n}} - \frac{1}{\sqrt{n+1}}$$

$$\therefore \sum_{n=2}^{\infty} \left\{ \frac{1}{\sqrt{n-1}} - \frac{1}{\sqrt{n+1}} \right\} = \lim_{n \to \infty} \left\{ 1 + \frac{1}{\sqrt{2}} - \frac{1}{\sqrt{n}} - \frac{1}{\sqrt{n+1}} \right\}$$

$$= 1 + \frac{1}{\sqrt{2}}, \quad 収束する。$$

（4）式 (3.138) より

$$a_n = \frac{1}{(n-2)(n+1)} \longrightarrow 0 \quad (n \longrightarrow \infty)$$

より，性質 3 の式 (3.5) の必要条件は満足している。第 n 部分和 S_n とすると

$$S_n = \sum_{k=3}^{n} \frac{1}{k^2 - k - 2} = \frac{1}{3} \sum_{k=3}^{n} \left(\frac{1}{k-2} - \frac{1}{k+1} \right)$$

$$= \frac{1}{3} \left\{ \left(\frac{1}{1} - \frac{1}{4} \right) + \left(\frac{1}{2} - \frac{1}{5} \right) + \left(\frac{1}{3} - \frac{1}{6} \right) + \left(\frac{1}{4} - \frac{1}{7} \right) + \cdots \right.$$

$$+ \left(\frac{1}{n-5} - \frac{1}{n-2} \right) + \left(\frac{1}{n-4} - \frac{1}{n-1} \right) + \left(\frac{1}{n-3} - \frac{1}{n} \right)$$

$$\left. + \left(\frac{1}{n-2} - \frac{1}{n+1} \right) \right\}$$

$$= \frac{1}{3} \left\{ 1 + \frac{1}{2} + \frac{1}{3} - \frac{1}{n-1} - \frac{1}{n} - \frac{1}{n+1} \right\}$$

$$\therefore \quad S = \lim_{n \to \infty} S_n = \frac{11}{18}, \quad 収束する。$$

【2】（1）式 (3.139) より，第 n 項 a_n は

$$a_n = 2 \left(-\frac{x}{2} \right)^{n-1} \tag{A3.1}$$

となり，初項 $a_1 = 2$，公比 $r = -\dfrac{x}{2}$ の無限等比級数となっている。$|r| = \left| -\dfrac{x}{2} \right| \neq 1 \Longleftrightarrow x \neq \pm 2$ のとき，第 n 項までの部分和 S_n は

$$S_n = a_1 \frac{1-r^n}{1-r} = 2\frac{1-\left(-\frac{x}{2}\right)^n}{1-\left(-\frac{x}{2}\right)} = 4\frac{1-\left(-\frac{x}{2}\right)^n}{2+x} \tag{A3.2}$$

式 (A3.1) は $|r| = \left|-\dfrac{x}{2}\right| > 1 \Longleftrightarrow x < -2,\ x > 2$ で発散する。

式 (A3.1) が収束するための条件は

$$|r| = \left|-\frac{x}{2}\right| < 1 \Longleftrightarrow -2 < x < 2$$

であり，S_n の極限値は

$$S = \lim_{n\to\infty} S_n = \frac{4}{x+2} \tag{A3.3}$$

$r = -\dfrac{x}{2} = 1 \Longleftrightarrow x = -2$ のとき，$S_n = a_1 n = 2n$ より

$$S = \lim_{n\to\infty} S_n = \lim_{n\to\infty}(2n) = \infty \tag{A3.4}$$

$r = -\dfrac{x}{2} = -1 \Longleftrightarrow x = 2$ のとき

$$S = \lim_{n\to\infty} S_n = 2\lim_{n\to\infty}\Big\{(1-1)+(1-1)+\cdots\Big\}$$

$$= \begin{cases} 0 & (n：偶数) \\ 2 & (n：奇数) \end{cases} \tag{A3.5}$$

式 (A3.5) の振動状態も発散なので

$$\therefore -2 < x < 2\ で収束し \quad S = \frac{4}{x+2}$$

（2）式 (3.140) より，第 n 項 x_n は

$$x_n = x\Big\{(1-x)^2\Big\}^{n-1} \tag{A3.6}$$

となり，初項 $a_1 = x$，公比 $r = (1-x)^2$ の無限等比級数となっている。前問と同様なので

$$|r| = \left|(1-x)^2\right| < 1 \Longleftrightarrow |(1-x)| < 1 \Longleftrightarrow 0 < x < 2$$

のときに収束し，第 n 項までの部分和 S_n は

$$S_n = a_1\frac{1-r^n}{1-r} = x\frac{1-\Big\{(1-x)^2\Big\}^n}{1-(1-x)^2} = x\frac{1-\Big\{(1-x)^2\Big\}^n}{x(2-x)}$$

$$= \frac{1 - \left\{ (1-x)^2 \right\}^n}{2-x} \tag{A3.7}$$

$$S = \lim_{n \to \infty} S_n = \frac{1}{2-x} \tag{A3.8}$$

$x = 0$ のとき，式 (3.140) より

$$S = 0 \tag{A3.9}$$

$x = 2$ のとき，式 (3.140) より

$$S = \lim_{n \to \infty} (2n) = \infty \tag{A3.10}$$

$$\therefore \quad 0 \leqq x < 2 \text{ で収束し} \quad S = \begin{cases} 0 & (x = 0) \\ \dfrac{1}{2-x} & (0 < x < 2) \end{cases}$$

【3】 (1) 式 (3.141) より，第 n 項 a_n $(n \geq 1)$ は

$$a_n = \frac{1}{n2^n} > 0$$

なので，$S = \displaystyle\sum_{n=1}^{\infty} \frac{1}{n2^n}$ は正項級数である。

$$n2^n \geqq 2^n \quad (n \geq 1, \text{ 等号が成り立つのは } n = 1 \text{ のときのみ})$$

$$a_n = \frac{1}{n2^n} < \frac{1}{2^n} = b_n \quad (n > 1)$$

右辺：b_n の公比 $r = \dfrac{1}{2}$ の無限等比級数の第 n 部分和 $S_n{}'$ は

$$S_n{}' = \frac{1}{2} \frac{1 - \left(\dfrac{1}{2}\right)^n}{1 - \dfrac{1}{2}} = 1 - \left(\frac{1}{2}\right)^n \longrightarrow 1 \quad (n \longrightarrow \infty)$$

$$S = \lim_{n \to \infty} S_n \leqq \lim_{n \to \infty} S_n{}' = 1$$

$\therefore$ 式 (3.141) は，より大きいものが収束するので，比較判定法より収束する。

(2) 式 (3.142) より，第 n 項 a_n $(n \geq 1)$ は

$$a_n = \frac{1}{n^2} > 0 \tag{A3.11}$$

なので，$S = \displaystyle\sum_{n=1}^{\infty} \frac{1}{n^2}$ は正項級数である。

$n \geqq 2$ のとき，式 (A3.11) は

$$a_n = \frac{1}{n^2} < \frac{1}{n(n-1)} = \frac{1}{n-1} - \frac{1}{n} = b_n \tag{A3.12}$$

式 (3.142) の第 n 部分和 S_n は $n = 1$ のときに $S_1 = 1$ であることと，$n \geqq 2$ のときの式 (A3.12) 右辺 b_n より

$$
\begin{aligned}
S_n &= \sum_{k=1}^{n} \frac{1}{k^2} = S_1 + \sum_{k=2}^{n} \frac{1}{k^2} \\
&< 1 + \sum_{k=2}^{n} \frac{1}{k(k-1)} = 1 + \sum_{k=2}^{n} \left(\frac{1}{k-1} - \frac{1}{k} \right) \\
&= 1 + \left\{ \left(\frac{1}{1} - \frac{1}{2} \right) + \left(\frac{1}{2} - \frac{1}{3} \right) + \left(\frac{1}{3} - \frac{1}{4} \right) + \cdots \right. \\
&\qquad \left. + \left(\frac{1}{n-2} - \frac{1}{n-1} \right) + \left(\frac{1}{n-1} - \frac{1}{n} \right) \right\}
\end{aligned}
$$

$$S_n < 2 - \frac{1}{n} \tag{A3.13}$$

$$S = \lim_{n \to \infty} S_n \leqq \lim_{n \to \infty} \left\{ 2 - \frac{1}{n} \right\} = 2 \tag{A3.14}$$

∴ 式 (3.142) は，より大きいものが収束するので，比較判定法より収束する。

(3) 式 (3.143) より，第 n 項 a_n $(n \geqq 2)$ は

$$a_n = \frac{1}{\log n} > 0$$

なので，$S = \displaystyle\sum_{n=2}^{\infty} \frac{1}{\log n}$ は正項級数である。

$$n > \log n$$

$$a_n = \frac{1}{\log n} > \frac{1}{n} = b_n$$

∴ 式 (3.143) は，より小さい調和級数が発散するので，比較判定法より発散する。

【**4**】　（1）　式 (3.144) より，第 n 項 a_n $(n \geqq 1)$ は

$$a_n = \frac{1}{n^n} > 0$$

なので正項級数である。

$$\sqrt[n]{a_n} = \sqrt[n]{\frac{1}{n^n}} = \frac{1}{n} \longrightarrow 0 = L \quad (n \longrightarrow \infty)$$

$\therefore$　コーシーの判定法より $L = 0 < 1$ なので収束する。

（2）　式 (3.145) より，第 n 項 a_n $(n \geqq 1)$ は $a \geqq 0$ のとき

$$a_n = \left(1 + \frac{a}{n}\right)^{n^2} > 0$$

となり，正項級数である。また，$a < 0$ のときには，$|a| < N$ となる N が存在する。

$N < n$ となる $\forall n$ で $\left(1 + \dfrac{a}{n}\right) > \left(1 + \dfrac{a}{N}\right) > 0$ となり，$N < n$ では $a_n = \left(1 + \dfrac{a}{n}\right)^{n^2} > 0$ は，正項級数となる。

定理 3.1 の性質 2 の「有限項を足しても引いての級数の収束・発散は変わらない」より，$N < n$ の無限級数 $\displaystyle\sum_{n=N+1}^{\infty} a_n$ の収束・発散を調べれば十分である。a の正負により場合分けを行う。

・$a = 0$ のとき

$$\sum_{n=1}^{\infty} 1 = \infty \quad :\text{発散する}$$

・$a > 0$ のとき

$$\sqrt[n]{a_n} = \sqrt[n]{\left(1 + \frac{a}{n}\right)^{n^2}} = \left(1 + \frac{a}{n}\right)^n = \left(1 + \frac{1}{\frac{n}{a}}\right)^n = \left(1 + \frac{1}{\frac{n}{a}}\right)^{\frac{n}{a} \cdot a}$$

$$\longrightarrow e^a = L > 1 \quad (n \longrightarrow \infty) :\text{発散する}$$

・$a < 0$ のとき

$-a = A > 0$ （ただし，$n > N$）とおくと

$$\sqrt[n]{a_n} = \sqrt[n]{\left(1 + \frac{a}{n}\right)^{n^2}} = \left(1 - \frac{A}{n}\right)^n = \left(\frac{n - A}{n}\right)^n$$

$$= \left(\frac{1}{1 + \dfrac{A}{n-A}} \right)^n$$

$$= \frac{1}{\left(1 + \dfrac{A}{n-A} \right)^{\frac{n-A}{A} \cdot A + A}}$$

$$= \frac{1}{\left(1 + \dfrac{1}{\dfrac{n-A}{A}} \right)^{\frac{n-A}{A} \cdot A} \cdot \left(1 + \dfrac{1}{\dfrac{n-A}{A}} \right)^A}$$

$$\longrightarrow e^{-A} = e^{-|a|} = L < 1 \quad (n \longrightarrow \infty) : 収束する$$

$$\because \left(1 + \frac{1}{\dfrac{n-A}{A}} \right)^{\frac{n-A}{A}} = \left(1 + \frac{1}{m} \right)^m$$

$$\longrightarrow e \quad \left(n, m = \frac{n-A}{A} \longrightarrow \infty \right)$$

$$\left(1 + \frac{1}{\dfrac{n-A}{A}} \right)^A = \left(1 + \frac{1}{m} \right)^A$$

$$\longrightarrow 1^A = 1 \quad \left(n, m = \frac{n-A}{A} \longrightarrow \infty \right)$$

【5】（1）式 (3.146) より，第 n 項 a_n は，$a_n = \dfrac{n^n}{n!} > 0$ なので正項級数である。

$$\frac{a_{n+1}}{a_n} = \frac{\dfrac{(n+1)^{n+1}}{(n+1)!}}{\dfrac{n^n}{n!}} = \frac{(n+1)^{n+1}}{n^n} \frac{n!}{(n+1)!}$$

$$= \frac{(n+1)(n+1)^n}{n^n} \frac{1}{n+1}$$

$$= \left(1 + \frac{1}{n} \right)^n \longrightarrow e = L \quad (n \longrightarrow \infty) \tag{A3.15}$$

$\therefore$　ダランベールの判定法より $L = e > 1$ なので発散する。

（2）式 (3.147) より，第 n 項 a_n は，$a_n = \dfrac{n^2}{n!} > 0$ なので正項級数である。

$$\frac{a_{n+1}}{a_n} = \frac{\dfrac{(n+1)^2}{(n+1)!}}{\dfrac{n^2}{n!}} = \left(\frac{n+1}{n}\right)^2 \frac{n!}{(n+1)!}$$

$$= \left(1+\frac{1}{n}\right)^2 \frac{1}{n+1} \longrightarrow 0 = L \quad (n \longrightarrow \infty)$$

∴ ダランベールの判定法より $L = 0 < 1$ なので収束する。

(3) 式 (3.148) より，第 n 項 a_n は，$a_n = na^{n-1} \geqq 0$ なので正項級数（∵ $a \geqq 0$）となる。

$a = 0, 1$ のときとそれ以外のときで分ける

・$a = 0$ のとき　$a_n = 0$ となり　$\displaystyle\sum 0$ は収束する

・$a = 1$ のとき　$a_n = n$ となり　$\displaystyle\sum n$ は発散する

・$a \neq 0, 1 \wedge a > 0$ のとき

$$\frac{a_{n+1}}{a_n} = \frac{(n+1)a^n}{na^{n-1}} = \frac{n+1}{n}a \longrightarrow a = L$$

∴ ダランベールの判定法より，$a = L > 1$ で発散し，$a = L < 1$ で収束する。

∴ $0 \leqq a < 1$：収束する，$a \geqq 1$：発散する

【6】 (1) 式 (3.149) より，第 n 項 a_n $(n \geqq 2)$ は，$a_n = \dfrac{1}{n \log n} > 0$ なので正項級数である。

$$f(x) = \frac{1}{x \log x} \text{ は } x \geqq 2 \text{ で正の単調減少関数}$$

$$\because \quad f'(x) = \frac{-\log x - 1}{(x \log x)^2} < 0 \quad (x \geqq 2)$$

$$\int_2^\infty \frac{1}{x \log x} dx = \Big[\log(\log x)\Big]_2^\infty = \infty : \text{発散する}$$

∴ 積分判定法により発散する

(2) 式 (3.150) より，第 n 項 a_n は，$a_n = \dfrac{1}{n^\alpha} > 0$ (∵ $\alpha > 0$) なので正項級数である。

$$f(x) = \frac{1}{x^\alpha} \text{ は } x \geqq 1 \text{ で正の単調減少関数 } (\because \ f'(x) = -\alpha \cdot x^{-(1+\alpha)} < 0)$$

・$\alpha = 1$ のとき

$$\int_1^\infty \frac{1}{x} dx = [\log x]_1^\infty = \infty : 発散する \tag{A3.16}$$

・$\alpha \neq 1$ のとき

$$\int_1^\infty \frac{1}{x^\alpha} dx = \left[\frac{x^{1-\alpha}}{1-\alpha}\right]_1^\infty = \frac{1}{1-\alpha}\left[x^{1-\alpha}\right]_1^\infty$$

$$= \begin{cases} \dfrac{1}{\alpha - 1} & (\alpha > 1) \\ \infty & (0 < \alpha < 1) \end{cases} \tag{A3.17}$$

$$\therefore \quad 積分判定法より \begin{cases} \alpha > 1 & : 収束する \\ 0 < \alpha \leqq 1 : 発散する \end{cases}$$

【7】 式 (3.151) より，第 n 項 $a_n = \dfrac{1}{(\log n)^n} > 0 \ (n \geqq 2)$ は正項級数である。コーシーの判定法を用いることができる。

$$\sqrt[n]{a_n} = \sqrt[n]{\frac{1}{(\log n)^n}} = \frac{1}{\log n}$$

$$\sqrt[n]{a_n} \longrightarrow 0 = L < 1 \quad (n \longrightarrow \infty) : 収束する$$

【8】 （1） 式 (3.152) より，第 n 項 a_n とするとその絶対値をとったものは

$$|a_n| = \frac{n}{n^2 + 2} > \frac{n}{n^2 + n} = \frac{1}{n+1} \quad (n \geqq 3) : 調和級数$$

$$\longrightarrow 発散する：絶対収束しない$$

つぎに，条件収束するかどうかを三つの方法で調べる。

方法 1 : $f(x) = \dfrac{x}{x^2 + 2}$ となる関数を考えると $|a_n| = f(n) = \dfrac{n}{n^2 + 2}$ となるので，$f(x)$ の増減を考える。

$$f'(x) = \frac{2 - x^2}{(x^2 + 2)^2} \longrightarrow x > \sqrt{2}$$

のとき $f'(x) < 0$ となり，減少関数

$$|a_1| = f(1) = \frac{1}{3} = |a_2| = f(2) = \frac{1}{3}$$

より

$$|a_n| \geqq |a_{n+1}| : 減少数列$$

$$\lim_{n \to \infty} |a_n| = 0$$

方法 2：$n \geqq 1$ のとき $|a_n| = \dfrac{n}{n^2 + 2}$ とおくと

$$\frac{|a_{n+1}|}{|a_n|} = \frac{\dfrac{n+1}{(n+1)^2 + 2}}{\dfrac{n}{n^2 + 2}} = \frac{(n+1)(n^2 + 2)}{n(n^2 + 2n + 3)}$$

$$= \frac{n^3 + n^2 + 2n + 2}{n^3 + n^2 + 2n + (n^2 + n)}$$

$n \geqq 1$ なので，$n^2 + n \geqq 2$ より

$$\frac{|a_{n+1}|}{|a_n|} \leqq 1 \ \longrightarrow \ \{|a_n|\}$$

は単調減少数列となる。また

$$\lim_{n \to \infty} |a_n| = \lim_{n \to \infty} \frac{n}{n^2 + 2} = \lim_{n \to \infty} \frac{\dfrac{1}{n}}{1 + \dfrac{2}{n^2}} = 0$$

方法 3：$n \geqq 1$ のとき $|a_n| = \dfrac{n}{n^2 + 2}$ とおくと

$$|a_n| - |a_{n+1}| = \frac{n}{n^2 + 2} - \frac{n+1}{(n+1)^2 + 2} = \frac{n^2 + n - 2}{(n^2 + n)(2n + 3)}$$

$n \geqq 1$ なので，$n^2 + n \geqq 2$ より，分子 $\geqq 0$，分母 > 0 となる。$\{|a_n|\}$ は単調減少数列となる。また

$$\lim_{n \to \infty} |a_n| = \lim_{n \to \infty} \frac{n}{n^2 + 2} = \lim_{n \to \infty} \frac{\dfrac{1}{n}}{1 + \dfrac{2}{n^2}} = 0$$

∴　解法 1，2，3 と，ライプニッツの定理より交項級数

$$\sum_{n=1}^{\infty} (-1)^{n-1} \frac{n}{n^2 + 2} \quad \text{は条件収束}$$

（2）式 (3.153) より，第 n 項 a_n とするとその絶対値をとったものは

$$|a_n| = \frac{n^2}{n^2 + 1} > \frac{n^2}{n^2 + n^2} = \frac{1}{2}$$

$$\longrightarrow \sum \frac{1}{2} \quad \text{発散する：絶対収束しない}$$

また

$$\lim_{n \to \infty} |a_n| = \lim_{n \to \infty} \frac{n^2}{n^2 + 1} = 1 \neq 0$$

$$\longrightarrow \text{発散するので条件収束もしない}$$

4 章

【**1**】 （1）x^n の係数 $a_n = 1$ となっている。ダランベールの定理より

$$\frac{a_{n+1}}{a_n} = 1 \longrightarrow 1 = \frac{1}{r} \quad (n \longrightarrow \infty)$$

$$\therefore \quad 収束半径 \ r = 1$$

$$x = 1 \longrightarrow \sum 1 = \infty$$

$$x = -1 \longrightarrow \sum (-1)^n：振動（n が偶数と奇数で違う値へ収束）$$

$$x = \pm 1 \ で式 (4.111) は発散する。$$

$$式 (4.111) \begin{cases} 収束半径：r = 1 \\ 収束する \ x \ の範囲：|x| < 1 \end{cases}$$

（2）x^n の係数 $a_n = n$ となっている。ダランベールの定理より

$$\frac{a_{n+1}}{a_n} = \frac{n+1}{n} \longrightarrow 1 = \frac{1}{r} \ (n \longrightarrow \infty)$$

$$\therefore \quad 収束半径 \ r = 1$$

$$x = 1 \longrightarrow \sum n = \infty$$

$$x = -1 \ では，無限級数の性質である定理 3.1 の性質 3 の式 (3.6) より$$

$$|a_n| = n \longrightarrow \infty \ (n \longrightarrow \infty) \ なので発散$$

$$x = \pm 1 \ で式 (4.112) は発散する。$$

$$式 (4.112) \begin{cases} 収束半径：r = 1 \\ 収束する \ x \ の範囲：|x| < 1 \end{cases}$$

（3）x^n の係数 $a_n = \dfrac{1}{2^n}$ となっている。コーシー・アダマールの定理より

$$\sqrt[n]{|a_n|} = \sqrt[n]{\frac{1}{2^n}} = \frac{1}{2} \longrightarrow \frac{1}{2} = \frac{1}{r} \quad (n \longrightarrow \infty) \quad \therefore \quad r = 2$$

$$x = 2 \longrightarrow \sum 1 = \infty$$

$$x = -2 \longrightarrow \sum (-1)^n：振動（n が偶数と奇数で違う値へ収束）$$

$$x = \pm 2 \ で式 (4.113) は発散する。$$

$$式 (4.113) \begin{cases} 収束半径：r = 2 \\ 収束する \ x \ の範囲：|x| < 2 \end{cases}$$

（4）x^n の係数 $a_n = \dfrac{1}{n^2 2^n}$ となっている。ダランベールの定理より

$$\frac{a_{n+1}}{a_n} = \frac{\dfrac{1}{(n+1)^2 2^{n+1}}}{\dfrac{1}{n^2 2^n}} = \left(\frac{n}{n+1}\right)^2 \frac{1}{2} \longrightarrow \frac{1}{2} = \frac{1}{r} \quad (n \longrightarrow \infty)$$

$\therefore$ 　収束半径 $r = 2$

$$|x| = 2 \longrightarrow \sum_{n=1}^{\infty} \frac{|x|^n}{n^2 2^n} = \sum_{n=1}^{\infty} \frac{1}{n^2} \text{ （汎調和級数）は絶対収束する。}$$

$x = \pm 2$ で式 (4.114) は絶対収束する。

式 (4.114) $\begin{cases} \text{収束半径：} r = 2 \\ \text{収束する } x \text{ の範囲：} |x| \leqq 2 \end{cases}$

（5）$(x-2)^n$ の係数 $a_n = \dfrac{1}{n}$ となっている。ダランベールの定理より

$$\frac{a_{n+1}}{a_n} = \frac{\dfrac{1}{n+1}}{\dfrac{1}{n}} = \frac{n}{n+1} \longrightarrow 1 = \frac{1}{r} \quad (n \longrightarrow \infty)$$

$\therefore$ 　収束半径 $r = 1$

$|x-2| < 1 \iff 1 < x < 3$ となる。

$$x = 1 \longrightarrow \sum_{n=1}^{\infty} \frac{(x-2)^n}{n} = \sum_{n=1}^{\infty} (-1)^n \frac{1}{n}$$

ライプニッツの定理より交項級数は収束する。

$$x = 3 \longrightarrow \sum_{n=1}^{\infty} \frac{(x-2)^n}{n} = \sum_{n=1}^{\infty} \frac{1}{n} \qquad \text{調和級数は発散する。}$$

式 (4.115) $\begin{cases} \text{収束半径：} r = 1 \\ \text{収束する } x \text{ の範囲：} 1 \leqq x < 3 \end{cases}$

（6）$(x-1)^n$ の係数 $a_n = n!$ となっている。ダランベールの定理より

$$\frac{a_{n+1}}{a_n} = \frac{(n+1)!}{n!} = n+1 \longrightarrow \infty = \frac{1}{r} \quad (n \longrightarrow \infty)$$

$\therefore$ 　収束半径 $r = 0$

$|x-1| = 0$ より，$x = 1 \longrightarrow \sum 0 = 0$

$$\text{式 (4.116)} \begin{cases} \text{収束半径}: r = 0 \\ \text{収束する } x \text{ の範囲}: x = 1 \text{ のみ。} \end{cases}$$

【2】　(1)　式 (4.117) の n 回微分 $f^{(n)}(x)$ と $f^{(n)}(0)$ を求める。

$$f^{(n)}(x) = (-1)^{n-1}(n-1)!(1+x)^{-n}$$

$$f^{(n)}(0) = (-1)^{n-1}(n-1)!$$

マクローリン展開は

$$f(x) = f(0) + \frac{f'(0)}{1!}x + \frac{f''(0)}{2!}x^2 + \cdots + \frac{f^{(n)}(0)}{n!}x^n + \cdots$$

$$= \sum_{n=0}^{\infty} \frac{f^{(n)}(0)}{n!}x^n = \sum_{n=1}^{\infty} (-1)^{n-1}\frac{x^n}{n}$$

x^n の係数 $a_n = (-1)^{n-1}\dfrac{1}{n}$ となっている。ダランベールの定理より

$$\left|\frac{a_{n+1}}{a_n}\right| = \left|-\frac{n}{n+1}\right| \longrightarrow 1 = \frac{1}{r} \quad (n \longrightarrow \infty)$$

$$\therefore \quad \text{収束半径 } r = 1$$

$x = 1$ のとき

$$\sum_{n=1}^{\infty} (-1)^{n-1}\frac{1}{n} \text{ は交項級数であり,} \ |a_n| = \frac{1}{n} \text{ は単調減少数列と}$$
なる。

$$|a_n| = \frac{1}{n} \longrightarrow 0 \quad (n \longrightarrow \infty) \text{ となる。}$$

$\therefore$　ライプニッツの定理より，この交項級数は収束する。

$x = -1$ のとき

$$\sum_{n=1}^{\infty} (-1)^{n-1}\frac{(-1)^n}{n} = \sum_{n=1}^{\infty}\left(-\frac{1}{n}\right) = -\sum_{n=1}^{\infty}\frac{1}{n} = -\infty \text{ となり，発}$$
散する。

$$\text{式 (4.117)} \begin{cases} \text{収束半径}: r = 1 \\ \text{収束する } x \text{ の範囲}: -1 < x \leqq 1 \end{cases}$$

(2)　式 (4.118) の n 回微分 $f^{(n)}(x)$ と $f^{(n)}(0)$ を求める。

$$f^{(n)}(x) = (-1)^n n! (x-1)^{-(n+1)}$$

$$f^{(n)}(0) = -n!$$

マクローリン展開は

$$f(x) = f(0) + \frac{f'(0)}{1!}x + \frac{f''(0)}{2!}x^2 + \cdots + \frac{f^{(n)}(0)}{n!}x^n + \cdots$$

$$= \sum_{n=0}^{\infty} \frac{f^{(n)}(0)}{n!}x^n = -\sum_{n=0}^{\infty} x^n$$

以下は，4 章の章末問題【1】（1）と同じ。

x^n の係数 $a_n = -1$ となっている。ダランベールの定理より

$$\left| \frac{a_{n+1}}{a_n} \right| = 1 \longrightarrow 1 = \frac{1}{r} \quad (n \longrightarrow \infty)$$

$$\therefore \text{ 収束半径 } r = 1$$

$$x = 1 \longrightarrow -\sum 1 = -\infty$$

$$x = -1 \longrightarrow \sum (-1)^n : \text{振動 （n が偶数と奇数で違う値へ収束)}$$

$x = \pm 1$ で式 (4.117) は発散する。

$$\text{式 (4.117)} \begin{cases} \text{収束半径：} r = 1 \\ \text{収束する } x \text{ の範囲：} |x| < 1 \end{cases}$$

5 章

【1】 （1）2π

（2）$\dfrac{2\pi}{\dfrac{1}{5}} = 10\pi$

（3）$\dfrac{\pi}{3}$

（4）$\cos\dfrac{6}{5}x$ の周期 $= \dfrac{2\pi}{\dfrac{6}{5}} = \dfrac{5}{3}\pi$,　$\sin\dfrac{x}{3}$ の周期 $= \dfrac{2\pi}{\dfrac{1}{3}} = 6\pi$

ここで，$\dfrac{5}{3}$ と 6 の最小公倍数を求める。

分母をそろえる（通分）$\dfrac{5}{3}$ と $\dfrac{18}{3}$ になる

分子の最小公倍数 $= [5, 18] = 90$

したがって

$$最小公倍数 = \frac{分子の最小公倍数}{共通分母} = \frac{90}{3} = 30$$

$$\therefore \quad 30\pi$$

【2】 $(\phi_s, \phi_r) = \int_a^b \phi_s(x)\phi_r(x)dx = \alpha(s)\delta_{sr} = \begin{cases} \alpha(s) > 0 & (s = r) \\ 0 & (s \neq r) \end{cases}$

$\alpha(s)$ は規格化係数

ただし, $\delta_{sr} = \begin{cases} 1 & (s = r) \\ 0 & (s \neq r) \end{cases}$

【3】 $\left\{\sin nx\right\}_{(n=0,1,\cdots)}$, $\left\{\cos nx\right\}_{(n=0,1,\cdots)}$ は, 区間 $I = [-\pi, \pi]$ で直交関数系をなしているのでその内積は

$$\left(\cos mx, \cos nx\right) = \int_{-\pi}^{\pi} \cos mx \cdot \cos nx dx = \alpha(n)\delta_{mn} \tag{A5.1}$$

$$\therefore \quad \alpha(n) = \begin{cases} \displaystyle\int_{-\pi}^{\pi} 1 \cdot dx = 2\pi & (n = 0) \tag{A5.2} \\ \displaystyle\int_{-\pi}^{\pi} \cos^2 nx dx = \frac{1}{2}\int_{-\pi}^{\pi}(1 + \cos 2nx)dx = \pi \\ \hspace{5cm} (n > 0) \tag{A5.3} \end{cases}$$

$$\left(\sin mx, \sin nx\right) = \int_{-\pi}^{\pi} \sin mx \cdot \sin nx dx = \beta(n)\delta_{mn} \tag{A5.4}$$

$$\therefore \quad \beta(n) = \begin{cases} \displaystyle\int_{-\pi}^{\pi} 0 \cdot dx = 0 & (n = 0) \tag{A5.5} \\ \displaystyle\int_{-\pi}^{\pi} \sin^2 mx dx = \frac{1}{2}\int_{-\pi}^{\pi}(1 - \cos 2mx)dx = \pi \\ \hspace{5cm} (n > 0) \tag{A5.6} \end{cases}$$

式 (5.213) の両辺に $\cos nx$ を掛け $-\pi \sim \pi$ まで積分して係数 a_n を求める過程を示す。

$$\int_{-\pi}^{\pi} f(x) \cos nx \; dx$$

$$= \sum_{k=0}^{\infty} \left[a_k{}' \int_{-\pi}^{\pi} \cos kx \cdot \cos nx \; dx + b_k \int_{-\pi}^{\pi} \sin kx \cdot \cos nx \; dx \right]$$

$$= \sum_{k=0}^{\infty} \left[a_k{}' \big(\cos kx, \cos nx \big) + b_k \big(\sin kx, \cos nx \big) \right]$$

$$= a_n{}' \alpha(n)$$

$$a_n{}' = \frac{1}{\alpha(n)} \int_{-\pi}^{\pi} f(x) \cos nx \; dx$$

$$\therefore \quad a_n{}' = \begin{cases} \dfrac{1}{2\pi} \displaystyle\int_{-\pi}^{\pi} f(x) \; dx & (n = 0) & \text{(A5.7)} \\[4mm] \dfrac{1}{\pi} \displaystyle\int_{-\pi}^{\pi} f(x) \cos nx \; dx & (n > 0) & \text{(A5.8)} \end{cases}$$

つぎに，式 (5.213) の両辺に $\sin nx$ を掛け $-\pi \sim \pi$ まで積分する。

$$\int_{-\pi}^{\pi} f(x) \sin nx \; dx$$

$$= \sum_{k=0}^{\infty} \left[a_k{}' \int_{-\pi}^{\pi} \cos kx \cdot \sin nx \; dx + b_k \int_{-\pi}^{\pi} \sin kx \cdot \sin nx \; dx \right]$$

$$= \sum_{k=0}^{\infty} \left[a_k{}' \big(\cos kx, \sin nx \big) + b_k \big(\sin kx, \sin nx \big) \right]$$

$$= b_n \beta(n)$$

$$b_n = \frac{1}{\beta(n)} \int_{-\pi}^{\pi} f(x) \sin nx \; dx$$

$$\therefore \quad b_n = \begin{cases} 0 & (n = 0) & \text{(A5.9)} \\[4mm] \dfrac{1}{\pi} \displaystyle\int_{-\pi}^{\pi} f(x) \sin nx \; dx & (n > 0) & \text{(A5.10)} \end{cases}$$

以上の結果より，2π を周期とする周期関数 $f(x)$ は

$$f(x) = \frac{a_0}{2} + \sum_{n=1}^{\infty} (a_n \cos nx + b_n \sin nx) \tag{A5.11}$$

ここで

$$\begin{cases} a_n = \dfrac{1}{\pi} \displaystyle\int_{-\pi}^{\pi} f(x) \cos nx \ dx & (n = 0, 1, 2, \cdots) \tag{A5.12} \\[3mm] b_n = \dfrac{1}{\pi} \displaystyle\int_{-\pi}^{\pi} f(x) \sin nx \ dx & (n = 1, 2, \cdots) \tag{A5.13} \end{cases}$$

ただし

$$a_n = \begin{cases} 2{a_0}' & (n = 0) \tag{A5.14} \\[2mm] {a_n}' & (n > 0) \tag{A5.15} \end{cases}$$

【4】

$$a_n = \frac{1}{\pi} \int_{-\pi}^{\pi} f(x) \cos nx \ dx$$

$$= \frac{1}{\pi} \int_{-\pi}^{0} (-1) \cdot \cos nx \ dx + \frac{1}{\pi} \int_{0}^{\pi} 1 \cdot \cos nx \ dx$$

$$= -\frac{1}{\pi} \int_{-\pi}^{0} \cos nx \ dx + \frac{1}{\pi} \int_{0}^{\pi} \cos nx \ dx$$

$$= 0 \quad \because \quad \cos \text{ は偶関数なので}$$

$$b_n = \frac{1}{\pi} \int_{-\pi}^{\pi} f(x) \sin nx \ dx$$

$$= \frac{1}{\pi} \int_{-\pi}^{0} (-1) \cdot \sin nx \ dx + \frac{1}{\pi} \int_{0}^{\pi} 1 \cdot \sin nx \ dx$$

$$= -\frac{1}{\pi} \int_{-\pi}^{0} \sin nx \ dx + \frac{1}{\pi} \int_{0}^{\pi} \sin nx \ dx$$

$$= \frac{2}{\pi} \int_{0}^{\pi} \sin nx \ dx \quad \because \quad \sin \text{ は奇関数なので}$$

$$= -\frac{2}{n\pi} \Big[\cos nx \Big]_{0}^{\pi}$$

$$= -\frac{2}{n\pi}\left\{(-1)^n - 1\right\}$$

$$= \begin{cases} 0 & (n：偶数) \\ \dfrac{4}{n\pi} & (n：奇数) \end{cases}$$

$$\therefore \quad f(x) = b_1 \sin x + b_3 \sin 3x + b_5 \sin 5x + \cdots$$

$$= \frac{4}{\pi}\left\{\sin x + \frac{1}{3}\sin 3x + \frac{1}{5}\sin 5x + \cdots\right.$$

$$\left. + \frac{1}{2n-1}\sin(2n-1)x + \cdots\right\}$$

$$= \frac{4}{\pi}\sum_{n=1}^{\infty}\frac{1}{2n-1}\sin(2n-1)x \tag{A5.16}$$

　なお，$f(x)$ とそのフーリエ級数式 (A5.16) の $n = 1 \sim 50$ までの部分和は動画で確認できる。

見てみよう

索　　引

―― 著 者 略 歴 ――

長嶋　祐二（ながしま　ゆうじ）
1978年　工学院大学工学部電子工学科卒業
1980年　工学院大学大学院工学研究科修士課程
　　　　修了（電気工学専攻）
1980年　工学院大学助手
1989年　工学院大学講師
1993年　博士（工学）工学院大学
1994年　工学院大学助教授
2003年　工学院大学教授
2021年　工学院大学名誉教授

福田　一帆（ふくだ　かずほ）
2001年　千葉大学工学部画像工学科卒業
2003年　東京工業大学大学院総合理工学研究科
　　　　修士課程修了（物理情報システム専攻）
2006年　東京工業大学大学院総合理工学研究科
　　　　博士課程修了（物理情報システム専攻）
　　　　博士（工学）
2006年　東京工業大学産学官連携研究員
2006年　York 大学（カナダ）博士研究員
2009年　東京工業大学特任助教
2010年　東京工業大学助教
2014年　工学院大学准教授
　　　　現在に至る

基礎から学ぶ級数論　―フーリエ級数入門―
Fundamentals of Infinite Series Theory ―Introduction to Fourier Series―
© Yuji Nagashima, Kazuho Fukuda 2021

2021 年 11 月 15 日　初版第 1 刷発行　　　　　　　　　　　　　　　★

検印省略

著　者　長　嶋　祐　二
　　　　福　田　一　帆
発 行 者　株式会社　コ　ロ　ナ　社
　　　　代表者　牛　来　真　也
印 刷 所　三 美 印 刷 株 式 会 社
製 本 所　有限会社　愛 千 製 本 所

112-0011　東京都文京区千石 4-46-10
発 行 所　株式会社　コ　ロ　ナ　社
CORONA PUBLISHING CO., LTD.
Tokyo Japan
振替 00140-8-14844・電話(03)3941-3131(代)
ホームページ https://www.coronasha.co.jp

ISBN 978-4-339-06122-2　C3041　Printed in Japan　　　　　(松岡)

次世代信号情報処理シリーズ

（各巻A5判）

■監 修　田中 聡久

定価は本体価格+税です。
定価は変更されることがありますのでご了承下さい。

図書目録進呈◆